GAME LEVEL DESIGN
遊戲關卡設計

師濤 編著

崧燁文化

前言 | FOREWORD

　　隨著遊戲產業的不斷發展和遊戲市場多元化發展步伐的急劇加速越來越多的公司開始進入這個行業，遊戲市場一時間百花齊放，行業競爭愈演愈烈，這使得各公司對實用型遊戲製作人才的需求也日益增加。相關專家認為，提高遊戲行業參與國際競爭的實力，挖掘遊戲創意文化產業的靈魂，從而推動經濟轉型。複合型高素質人才的培養是推動遊戲創意文化產業發展的原動力。

　　現如今，不僅各公司紛紛高薪搶聘遊戲製作人才，很多國外公司也不惜重金在尋覓專業人才。

　　遊戲產業是一個新興的人才密集型產業，需要大量的專業人員湧入。遊戲產業的井噴式增長導致遊戲人才真空的局面進一步加劇，現今從事遊戲製作的人員大部分是從其他專業轉型而來的，遊戲美術相關知識的從業人員如鳳毛麟角，能完全達到企業要求的更是寥寥無幾。

　　遊戲關卡設計是遊戲設計中的重要環節，也是使一款遊戲呈現優良品質並最終得到廣大玩家認可的重要保證。在激烈的市場競爭下，遊戲關卡設計在整個遊戲的設計中已經發展為一個獨立的專業，相應的也誕生了遊戲關卡設計師這一職位。擁有一系列遊戲豐富體驗、敘事流暢精彩的遊戲關卡設計和滿足玩家需求是一款遊戲在市場洪流中成功立足的有力保障。

　　本書作為高等教育藝術類專業的教材，緊密圍繞遊戲關卡設計規範以及遊戲設計人才的基礎知識構架兩個重點進行編寫。編者透過長期的創作實踐和探索，以遊戲行業的遊戲關卡製作標準規範與流程為編寫依據。考慮本書所面向的不同基礎和層次學生，在理論上深入淺出，將複雜的原理簡單化、枯燥的理論生動化、遊戲案例具體化。

　　本書精心挑選大量的遊戲關卡設計案例，並盡可能地將遊戲關卡設計的理論知識與優秀的遊戲關卡設計案例巧妙地融入教學當中。合理的圖文混排，使學生在學習相關遊戲關卡設計知識的同時也擁有了一套專業性和收藏性較強的資料集。為配合不同層次的學生和遊戲關卡設計愛好者的需求，本書在每章結尾都設置了具體的作業練習，供學生對本章知識進行自學與鞏固。

　　本教材的編寫填充了遊戲關卡設計課程的空白。為遊戲關卡設計教學提供了基礎教學框架，為有志於學習遊戲關卡設計並立志投身於遊戲事業的學生提供理論依據。

目錄 | CONTENTS
遊戲關卡設計
GAME LEVEL DESIGN

第一章 遊戲關卡設計概述 1
1.1 遊戲關卡設計的概念與定義 2
1.2 遊戲關卡設計的構成要素 13
1.3 遊戲關卡設計在遊戲製作中的價值 17
1.4 遊戲關卡設計的發展趨勢 18
教學導引 20

第二章 遊戲關卡設計的內容 21
2.1 功能關卡 22
2.2 視覺關卡 26
2.3 遊戲引擎 29
教學導引 41

第三章 遊戲關卡設計的流程 42
3.1 遊戲關卡前期策劃與製作 43
3.2 遊戲關卡中期製作階段 51
3.3 遊戲關卡後期測試階段 53
教學導引 54

第四章 遊戲關卡設計的主要類型與流變 55
4.1 動作遊戲關卡設計 56
4.2 冒險遊戲關卡設計 58
4.3 益智遊戲關卡設計 60
4.4 模擬遊戲關卡設計 62
4.5 第一人稱射擊遊戲關卡設計 63
4.6 角色扮演遊戲關卡設計 64
4.7 即時戰略遊戲關卡設計 66
教學導引 68

第五章 遊戲關卡設計的心理學基礎 69

5.1 遊戲心理學基礎 70

5.2 普通遊戲心理學 75

5.3 遊戲心理學對遊戲創作的影響 78

教學導引 82

第六章 遊戲關卡設計的程式基礎 83

6.1 遊戲數學基礎 84

6.2 遊戲物理基礎 86

6.3 電腦程式設計基礎 89

6.4 資料結構基礎 92

6.5 圖形學與 3D 圖形技術 95

教學導引 96

第七章 遊戲關卡設計的美學基礎 97

7.1 園林設計 98

7.2 景觀設計 110

教學導引 120

第八章 優秀遊戲關卡賞析 121

8.1《機械迷城》關卡賞析 122

8.2《開心消消樂》關卡賞析 129

8.3《極品飛車》關卡賞析 134

後記 140

第一章
遊戲關卡設計概述

遊戲關卡設計的概念與定義
遊戲關卡設計的構成要素

遊戲關卡設計在遊戲製作中的價值
遊戲關卡設計的發展趨勢

重點：

　　本章著重分析了遊戲關卡設計的發展趨勢和演變歷史，以及在不同的歷史環境下遊戲市場對遊戲關卡設計需求的變化。本章詳細講解了遊戲關卡設計的基本原則，強調關卡設計在一款遊戲製作過程中的重要地位以及作用。

　　透過本章的學習，使學生能夠清晰地瞭解如何適應在不同的時代背景下遊戲市場的潮流，並根據關卡中的具體要素、依據遊戲的世界觀，以及本著對玩家負責的態度創作出高品質的遊戲。

難點：

　　能夠正確認識到在不同的硬體歷史背景下產生的遊戲關卡的特點；梳理遊戲關卡設計的發展脈絡，並能夠透過具體案例的分析，客觀深入地瞭解遊戲關卡設計在遊戲製作中的作用。

1.1 遊戲關卡設計的概念與定義

　　遊戲關卡設計是針對一款遊戲的整體策劃展開的每一個關卡具體內容設計與實施的過程，是將策劃好的遊戲框架轉化為具體遊戲內容的過程，是遊戲內容具體實施的開始，是遊戲從策劃變為產品的橋樑。關卡設計主要的工作內容是將遊戲的目標與任務透過場景設置、物品擺放、道具使用、機關觸發等多種方式進行合理地規劃與組合，製作一系列完整的"遊戲地圖"。在"遊戲地圖"裡，關卡設計師將遊戲的目標和任務提供給玩家，使玩家（遊戲角色）可以透過完成一系列遊戲地圖來完成整個遊戲。關卡設計師透過控制遊戲關卡中情節的發展、關卡之間節點的設置，以及對情節擴充等內容進行精心佈置來把握玩家體驗遊戲的過程、方式、路徑等，最終達到控制遊戲節奏的目的，給予玩家正確的引導，使玩家得到快樂的遊戲體驗。在玩家體驗遊戲的過程中常說的"過關"就是指玩家順利完成了一個遊戲關卡的內容，"通關"就是指玩家完成了遊戲的所有關卡內容。

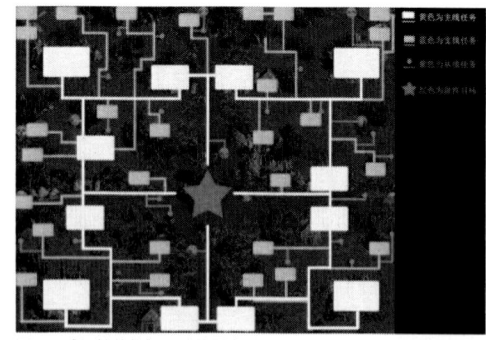

圖1-1《無敵英雄》（功能關卡）

　　遊戲關卡設計師透過功能關卡設計（圖1-1）與視覺關卡設計（圖1-2）兩個部分，完成對整個遊戲內容的分配與規劃，以及視覺效果的實施與表現。功能關卡是用示意圖的方式策劃設計關卡內容、關卡與關卡之間的連通方式以及劇情和關卡節點的設置。視覺關卡是功能關卡在遊戲中的呈現形式，是指以圖像的方式呈現功能關卡的內容，使玩家能夠直觀地根據遊戲的提示完成功能關卡所設定的遊戲任務。

圖1-2《無敵英雄》（視覺關卡）

1.1.1 遊戲關卡設計的理念

1. 不同的文化特點決定遊戲關卡設計的方向

不同的人文環境會導致人們對遊戲的審美感知產生差異。同種類型的遊戲會有多種表現題材，這是對文化差異較好的例證。遊戲的開發首先應針對不同文化特點的人群展開，選定目標使用者群是遊戲機制和關卡設計工作展開的前提條件。

首先，作為一名關卡設計師所要面對的問題有：準備開發的遊戲會針對哪些用戶，吸引哪些用戶。在不同的地域以及文化背景下，遊戲關卡設計的內容千差萬別。目標使用者群的分 類方式一般包括年齡、性別、國籍、地區、宗教、收入水準、文化層次等，使用目標人群 分類方式是設計遊戲目標人群的較為可信的方法。

其次，關卡設計師還需考慮用戶所處的地域以及信仰。由於遊戲產品的特殊性，在同一款跨國遊戲中雖然有不同國籍、不同信仰的人參與，但在遊戲的過程中能感受到種族歧視或者人權問題的人只是少數，大多數用戶只體會遊戲本身帶來的快感，並未對文化背景做更深層次的分析。

再次，在傳統意義上，色彩的人文因素對遊戲關卡設計發揮決定性的作用。在西方白色代表聖潔，在中國白色代表弔唁（圖 1-3）。一個全白色的環境在中國人眼中更具悲劇色彩， 而在西方人眼中則是神聖與純潔的象徵（圖 1-4）。受全球文化一體化趨勢的影響，地域文化 在 "融合" 和 "互異" 的共同作用下，文化之間的差異已變得更易於被人們所理解與接受。

最後，一款遊戲的暢銷程度取決於用戶體驗的數量。在不同的國家、不同的信仰以及不同的文化背景下，作為一名優秀的關卡設計師在將一款遊戲的關卡設計到自我滿意的同時，還要更多地服務於社會、服務於公司，這樣才能保障社會資源的有效利用和個人價值的實現。同樣一款遊戲的關卡設計，對目標使用者的因素考慮得越全面，用戶對遊戲的參與度就

圖 1-3 白色菊花代表弔唁

圖 1-4 全白色的環境

2. 準確的定位是一個優秀遊戲關卡設計的保障

明確用戶群體的年齡階段以及地域文化特點等，在進行關卡設計時就可確定遊戲難度、關卡尺度、遊戲內容以及遊戲機制等範圍。

（1）按年齡為目標使用者分類

確定目標使用者的年齡階段對關卡的策劃發揮至關重要的作用。目標使用者的年齡不僅會影響關卡難度的設置，也會影響遊戲內容的強度。兒童類遊戲關卡時間短、規模小，具有持續的交互性以及明顯的線索提示。而青少年和成人遊戲中的關卡時間長，關卡規模參差不齊，不僅人機交互，更甚人人交互，關卡的複雜程度和遊戲機制更加多樣化。《摩爾莊園》是一款針對兒童開發的益智類遊戲，遊戲關卡設計的時間短，只需玩家進行簡單的操作就可以完成，但是關卡內容非常豐富，在一定程度上滿足了兒童的好奇心理（圖1-5）。

遊戲本身的內容尺度取決於目標使用者的性質。如果遊戲包含成人內容，就不適宜兒童體驗。開發公司需要遵守遊戲分級標準，避免出現危害兒童身心健康的內容。

（2）按地域文化為目標使用者分類

目標使用者的語言差異在一定程度上也會影響遊戲劇情的展開以及玩家的遊戲體驗。隨著全球一體化的趨勢，地域性文化差異隨之弱化，遊戲在對外發行時，通常需把文字轉換成官方語言，甚至變更遊戲的元素或其他內容。

在一些遊戲中，遊戲關卡裡會出現路標提示來告訴玩家應該去哪，或者需執行什麼樣的任務，但如果所顯示的提示語言為非官方語言，對於其他地域文化的玩家而言就失去了可玩性，所以關卡設計師應盡可能使遊戲過程在不需要提示的情況下就可以順利完成，不需要額外的圖示來進行輔助。在實施的過程中部分遊戲可透過美術人員的工作來解決語言版本轉換的問題。把遊戲中出現文字內容的貼圖設計成可替換的內容，這樣只需要更換美術圖片就可以讓遊戲支援更多的語言了。（圖1-6、圖1-7）

圖1-5 《摩爾莊園》

3. 用戶體驗決定著遊戲關卡設計的成敗

遊戲關卡的設計為整個遊戲提供了可玩性服務，作為遊戲的重要組成部分，它承載著連接各個關卡之間劇情點的作用。玩家總是習慣於透過一個關卡之後看一段劇情動畫，或者是走完一個迷宮後觀看情節繼續發展的線索，並且和某些非玩家控制角色對話來推動劇情的發展。與玩家習慣有所區別的是：一類遊戲先設計關卡，然後再拼湊劇情，使其成為一個完整的故事，例如大部分的第一人稱射擊遊戲或是動作冒險遊戲；而另外一類，則是以劇情為中心，根據劇情的展開設計關卡，例如大部分的角色扮演遊戲（圖1-8）。

遊戲關卡設計師需具有提高遊戲的可玩性與可控性的意識，這樣設計出的遊戲關卡才更具市場競爭力，更有利於遊戲產品在市場中的生存和發展。

圖1-6 《戳青蛙》英文版

圖1-7 《戳青蛙》中文版

圖1-8 《暗黑破壞神3》

4. 遊戲關卡設計是一門綜合性很強的科學

　　遊戲關卡設計涉及的內容較多，綜合性較強，具有交叉學科的基本特性。從事遊戲關卡設計除了要有較為系統的專業理論知識和設計基礎外，還要涉及多種學科理論，如心理學、文學、社會學、美學等。

　　遊戲關卡設計具有嚴密的科學性與邏輯性。首先，它要求從市場調查入手，確定目標市場及目標玩家，根據產品定位和使用者群體的心理需求擬定遊戲關卡設計 策略和主題；其次，將關卡設計創意轉為功能關卡設計；再次，由功能關卡轉化為 視覺關卡進行設計製作；最後，進行媒體的選擇和發佈的效果測定，每一個階段 都需要科學地運用不同領域和門類的知識，才有助於整個遊戲的發佈與發行（圖 1-9）。

1.1.2 遊戲關卡設計的原則

　　遊戲關卡幾乎貫穿了一款遊戲的始終，它們在構成遊戲本體之餘，也決定了玩家體驗遊戲過程的形式。所以一款優秀的遊戲，遊戲關卡的設計至關重要，在遊戲關卡設計中應遵循以下原則：

1. 增強關卡之間的銜接

　　玩家在完成關卡的過程中，最直觀的體驗就是與不同場景的互動。玩家是透過結束一個關卡並開啟一個新的關卡來體驗遊戲的。在遊戲的過程中關卡之間的銜接是遊戲不同章節的轉換過程，也是玩家調整遊戲節奏的一個過程。在關卡設計的過程中，應注意利用場景之間切換的節奏與改變場景的氛圍來緩解玩家因長時間遊戲帶來的疲勞感。《魔獸爭霸》這款即時戰略遊戲，在關卡中不僅加入了 24 小時，以 及白天與夜晚的概念，還增加了氣候的變化，這種方式可以很好地緩解一款高節奏 的即時戰略遊戲帶給玩家的緊張情緒，增加了遊戲的豐富性（圖 1-10）。

圖 1-9 《暗黑破壞神 3》

圖 1-10 《魔獸爭霸》

2. 增強遊戲本體的敘述能力

優秀的遊戲可以透過遊戲本身敘述故事，在遊戲中大量地出現教科書類型的文字解說，這對任何一個玩家來說都不會產生好感。關卡設計師只有充分調動遊戲呈現的三要素——畫面、場景、音樂，才能夠充分發揮遊戲本體所具有的敘述能力。同樣，優秀的關卡設計並不完全需要依賴簡單的故事敘述，而是應該留給玩家足夠的想像空間，讓玩家在遊戲過程中自己補充剩下的遊戲情節。《仙劍奇俠傳》系列遊戲就是透過遊戲本體很好地敘述了一個冗長的故事情節的案例（圖1-11）。

關卡中涉及故事的敘述主要由三個環節組成：情節敘述環節、聲音音效環節、字幕以及對話環節。情節敘述環節包括任務目標和過場動畫，遊戲內容與玩家的互動，透過遊戲中場景以及關卡的轉換來提示玩家不同的情節內容。聲音音效環節包括背景音樂、音樂特效等內容，聲音的特殊性具有心理場的效應，聲音自身也存在一定的敘事能力，在不同的場景下配合不同的音效和畫面能更有效地傳遞遊戲所要表達的情節，如在陰暗的黑森林場景下播放歡快的曲調會讓玩家感受到需尋找某個打破這種壓抑狀態的媒介。字幕以及對話環節對遊戲情節的發展是一個很好的補充。

在遊戲敘述的過程中也可以增加部分空白敘事環節讓玩家自主地調節情緒，如《古墓麗影》遊戲中經常出現的開門動作（圖1-12）。

3. 正確的遊戲教學引導

導航式與教學引導式的玩法可以提高遊戲的趣味性，在適當的時候可以將特定的遊戲邊界隱藏起來，導航結束時顯現邊界，會帶給玩家帶來親近感。同時隱藏部分區域可以增加關卡深度使玩家多次探索與嘗試，從而增加關卡的豐富性，增強體驗感。如《英雄無敵 6》的教學關卡就是一個很好的例子（圖1-13）。

優秀關卡設計可以使玩家明確要完成的任務，並透過自我的探索，完成關卡任務；玩家能透過關卡中的提示，瞭解角色的特點；同時還要求有足夠的成長空間和自由度以及關卡任務的選擇性。

《暗黑破壞神》就是一個典型的例子，遊戲並未告訴玩家要殺死關卡中所有的怪物，但在關卡設計中有的怪物被玩家殺死後會出現特殊的裝備，從而誘導玩家去殺死所有的怪物，並且在殺死怪物的過程中可以使用多種技能，給玩家提供了足夠的控制空間，使玩家在遊戲的過程中感受到關卡所帶來的樂趣（圖1-14）。

圖1-11《仙劍奇俠傳》

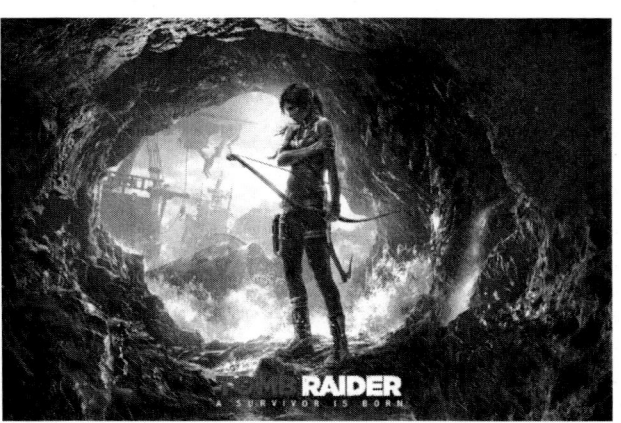

圖1-12《古墓麗影》

4. 增加關卡的駐留時間

重複性的工作往往令人無法忍受，遊戲更是如此。優秀的關卡設計應該不斷更新遊戲機制或者調整舊機制，使玩家重新評估自己已經掌握的技能。關卡設計師應該讓玩家在整個遊戲中持續評估自己所學到的技能，確保每個關卡都能呈現新鮮玩法，並且玩家可以透過重複利用已經完成的關卡，獲取新的技能。如《鬼泣 4》中的血宮模式，玩家透過重複挑戰怪物，獲取額外物品或經驗值，其中共有 100 個級別，只是怪物血量有所增加（圖 1-15）。很多玩家 為挑戰這種模式樂此不疲，這樣的關卡設計就大幅度地增加了玩家在遊戲中的駐留時間。

5. 支線任務的設置

支線任務是指對一個關卡中主線任務的擴充，主線任務在完成的過程中因為邏輯較為嚴密使玩家的遊戲體驗較為枯燥，所以在關卡設計中加入適當的支線任務（包括隱藏任務）可以增加玩家探索遊戲的樂趣。

DOTA 2 這款遊戲的關卡都由簡單的雙方對壘的遊戲方式組成，其目標就是摧毀對方的主基地。在整個關卡中玩家可以透過消滅野外怪物這一支線任務來獲取等級經驗和特殊的遊戲技能。作為遊戲關卡設計的支線任務，這樣的支線關卡設計可以增加遊戲的趣味性與豐富度，減少玩家在簡單對戰模式下的疲勞。（圖 1-16）

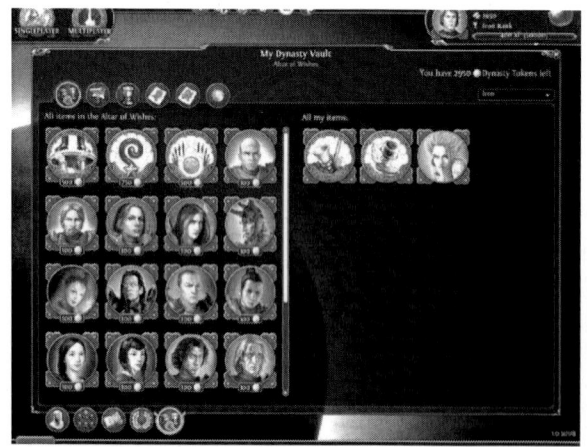

圖 1-13 《英雄無敵 6》

圖 1-14 《暗黑破壞神》

圖 1-15 《鬼泣 4》

圖 1-16 DOTA 2

6. 增強遊戲的代入感

寫實處理手法是增強遊戲代入感最直接的途徑，遊戲的代入感由多種因素組成，畫面、聲音、情節都發揮至關重要的作用。精美的過場動畫、離奇的故事情節、旋律優美的背景音樂都能夠增加遊戲的代入感。

不同類型的遊戲增加代入感的方式有所不同，最直接的方法是使玩家產生共鳴。共鳴具有多個層次，最簡單的共鳴就是使玩家產生愉悅的感受，創造力與破壞力、愛與被愛、性喚醒等多種人類基本欲望的施展最易使玩家產生愉悅情緒。玩家的創造力與暴力發洩就是一個很好的增加遊戲代入感的方式，創造力與暴力最直接的體現方式就是用粗暴的方式摧毀物品，摧毀得越快、碎裂的程度越高，玩家就越有"爽"的快感。使用原始欲望增加遊戲代入感是直接但是並非高明的方式。人的兩面性決定，如果能喚醒人類更高層次的共鳴諸如"超我"的實現會大幅度增加玩家的遊戲時間。用收集戰利品、收穫榮譽等來增加玩家"自我價值"與"社會價值"，更能使玩家在遊戲體驗的過程中達到更高層次心理上的滿足。諸多競技類遊戲經常舉辦世界聯賽就是從側面增加玩家的心理滿足感。

7. 符合遊戲引擎基本規範

不同的遊戲引擎承載不同的遊戲類型以及遊戲的內容、數量和品質。瞭解遊戲引擎的特性是關卡設計的前提，任何一款遊戲可利用的資源都是有限的，無論是硬體條件（如系統記憶體）還是產品內容（如遊戲容量）。避免過多的資源浪費，最大化、最合理化使用遊戲資源是關卡設計師的職責，優秀的關卡設計師不僅會設計單一的遊戲關卡，還會透過設計一系列模組，將各關卡進行組合變形，達到資源利用的最大化。參考《上古卷軸》這類大量任務模式的遊戲，關卡設計師利用這種技術製作關卡，一方面可增強玩家對遊戲的熟悉感，有助於玩家學習和掌握遊戲機制；另一方面豐富了關卡內容，使關卡具有挑戰性和可玩性（圖 1-17）。

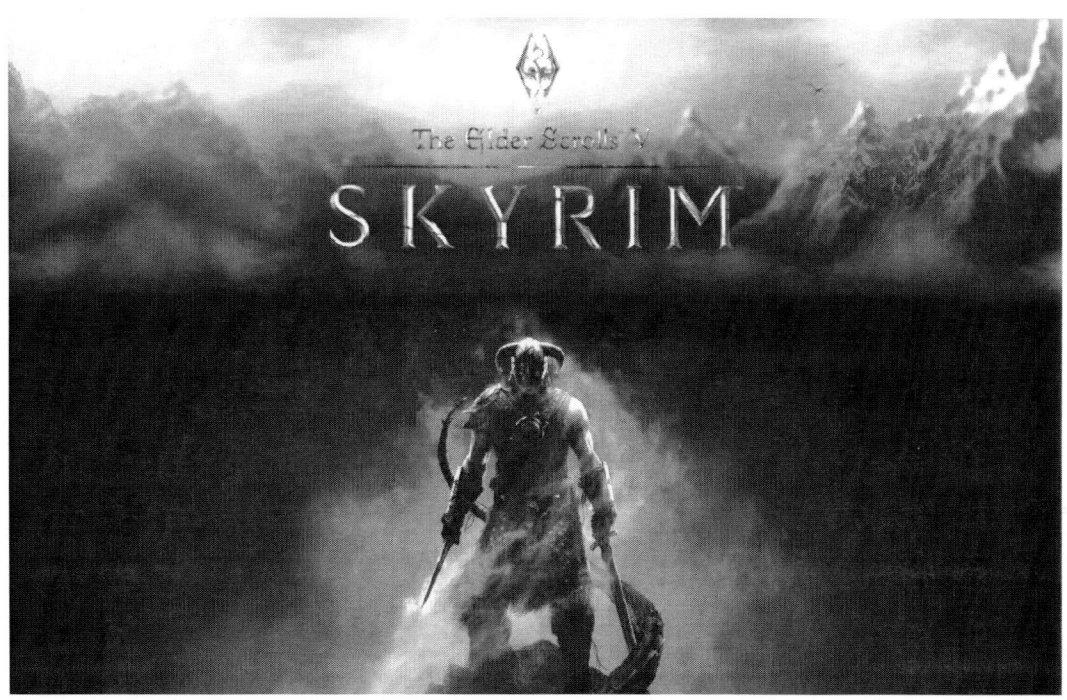

圖 1-17 《上古卷軸》

1.1.3 遊戲關卡設計的使命

1. 控制遊戲節奏

遊戲節奏的控制是關卡設計的重要環節，合理的節奏可以增加玩家遊戲的樂趣。情節以及道具的正確安排可以很好地控制遊戲的難度，從而使一款遊戲獲得較好的口碑。關卡設計師可以透過調用情節、氛圍、道具、任務、敵人等多種手段來控制遊戲的節奏。例如《寂靜嶺》系列遊戲，遊戲情節模仿電影敘事的方式展開，讓玩家在壓抑和恐怖的氣氛下進入劇情，深入主角的內心世界，並隨著劇情的發展獲得身臨其境的感受（圖1-18）。

圖1-18《寂靜嶺》

圖1-19《亂鬥西遊》

例如國產手機遊戲《亂鬥西游》就是利用不同類型關卡帶來的不同程度的刺激和緊張感，將整個單人模式（即闖關模式）的節奏感把控得張弛有度，給玩家帶來不同的遊戲體驗。圖1-19中有六個關卡類型供玩家選擇，分別為"守護花果山"、"首探奈何橋"（MOBA對抗型）、"忘川渡紅塵"（地圖探索型）、"攝魂無所知"（純砍殺型）、"初至五行山"（MOBA對抗型）以及"禺狁魔血咒"（BOSS戰）。

從"章"的角度劃分整個遊戲，將不同類型的關卡組合在一起形成章節，還可以隨時進行關卡的切換，這種不同的排列方式給玩家提供了跳躍式的遊戲感受，緩解了玩家在遊戲中的疲勞感。

帶有戰爭迷霧類關卡的《暗黑破壞神3》在一定程度上減少了玩家的心理負擔。當玩家進行遊戲體驗時，雖然地圖已經被探索，但只有玩家周圍的怪物才能被顯示出來，以玩家為中心的螢幕範圍之外的地圖區域會變為靜止狀態，在靜止狀態中的地圖動態細節、特效、怪物會消失，呈現出"死寂"的狀態。這種處理地圖的手法可以使玩家有效地控制遊戲節奏，使一個激烈的戰鬥類遊戲有很多寧靜的空間（圖1-20）。

2. 激勵目標玩家

遊戲玩家體驗遊戲的過程，可以看作是一個從滿足基本生產需求到滿足心理需求的過程。遊戲玩家需求的產生是受到某種刺激的反應，而遊戲玩家選擇遊戲的行為是由玩家受到外界刺激後產生的選擇動機來支配的。

圖 1-20《暗黑破壞神 3》

　　玩家在遊戲體驗的過程中，不斷地受到鼓勵並且被提示有更高的目標時，就會進入較深層次的追逐狀態。不斷地將心理需求轉化為生產需求就可以不斷地激勵目標玩家繼續遊戲。適度的轉化可以使玩家在獲得遊戲快感的同時感受成就的幸福，而過度的轉化會使玩家感受到遊戲就是在不斷地製造陷阱，從而放棄遊戲。

　　遊戲關卡的一個功能是引起玩家的注意和持續保持玩家的興趣，使玩家在遊戲中投入更多的時間，並透過遊戲注意到遊戲內部具體的商品和服務，使遊戲中的商品和服務成為玩家的購買目標，形成新的購買行為，以此誘導玩家產生新的消費需求，如此迴圈。

3. 吸引更多的遊戲玩家

　　能夠吸引大量玩家的遊戲才是一款成功的遊戲，遊戲的傳播速度決定著一款遊戲的成功與失敗。關卡作為遊戲的最終載體承擔著傳播的功能。遊戲要具有廣泛的傳播性應具有的基本特點包括：遊戲亮點單純、遊戲機制明確、畫面風格準確。具備這三個特點的遊戲的共同特性是：玩家透過對一款遊戲或者一個關卡進行簡單的語言溝通就可瞭解遊戲的機制，就能夠迅速做出判斷，這更有利於遊戲的傳播。《植物大戰僵屍》就是這一典型案例。

4. 促使玩家形成遊戲網路

　　遊戲與圖書、電影這些自行發展故事劇情的載體不同，參與者與遊戲存在相互作用的關係。遊戲關卡的設計應促使遊戲具有傳播力，使玩家形成一個相互連通的網路從而吸引更多的玩家加入，同時遊戲社交網中有相應的機制使先加入遊戲的玩家可以擁有更多的優惠條件。只有具有穩定的遊戲社交網路才能保障一款遊戲保持旺盛的生命力。如《部落衝突》就是一款完全利用遊戲社交網路而得到快速傳播的遊戲（圖 1-22）。

遊戲關卡設計作為遊戲的載體，其目的是使玩家在遊戲上投入更多的時間與精力。能否吸引玩家注意，使其進入遊戲並沉浸遊戲世界的時間長短，一方面取決於遊戲關卡的劇情設計是否足夠豐滿、主線任務與支線任務的安排是否合理；另一方面，畫面的精美度和趣味性、遊戲機制的完善度以及操作感、代入感、玩家的成就感也決定了玩家是否願意在遊戲上投入更多的時間。

圖 1-21《植物大戰僵屍》

圖 1-22《部落衝突》

1.2 遊戲關卡設計的構成要素

遊戲的抽象內容，如氛圍、節奏等，最終要落實到關卡中，這就是關卡地圖的設置。如樹木的排列、道具合理的使用與擺放、敵人出現的概率與層次、行動的機制，以及關卡燈光效果的轉換與場景的變更等，這一切都是在關卡地圖中綜合呈現的。關卡地圖的基本構成要素有：

1.2.1 邊界

邊界是關卡必要的組成部分。關卡中，邊界有一定的範圍限定，一個沒有範圍的無限關卡對於遊戲沒有任何意義，遊戲中邊界存在的方式可為物理地圖邊界，如懸崖等（圖1-23、圖1-24）；也可為任務邊界，即要求玩家走到某地執行特殊命令後，即可完成任務，而剩餘的空間對玩家而言就沒有存在的直接意義，這樣就達到了設置任務邊界的目的。通常情況下，遊戲中的關卡是獨立而又相互聯繫的，只有完成了關卡限定的任務才能進入下一關卡，但特殊情況下部分邊界可作為關卡之間相連的紐帶，通常會有提示性的建築出現，例如路標、斷橋、傳送門等。

1.2.2 大小

遊戲關卡的大小是關卡內容多少的直接指標。每個關卡的設定都有大小區別。一個遊戲關卡的大小與玩家完成關卡所需要的時間有著直接的關係，主線任務越長關卡越大，反之亦然。關卡的大小，不僅僅指玩家眼中關卡的大小和複雜程度，更主要的是指實際檔大小，如地圖檔的大小、模型檔以及材質檔的大小等。關卡設計師在設計關卡時必須充分考慮各類檔的大小，避免為遊戲引擎增添不必要的負擔。關卡的擴充可以使用多個小關卡拼接的方式實現，拼接的方法可以是用一扇門轉入下一個小關卡，如《惡靈古堡》（圖1-25）；也可以是路的盡頭，如《軒轅劍》（圖1-26）。目前大多數遊戲都採用拼接的方式來實現大型關卡或者巨型關卡。

1.2.3 地形

地形是關卡最重要的構成要素。地形是指室內或者室外的建築及地貌的總和，是遊戲場景的高低層次。關卡設計的本質是對空間的規劃與分割，除了基本的地形地貌、室內室外、燈光與氛圍效果外，還包括不同的空間劃分對玩家心理造成的影響。在遊戲中不斷切換地形會延長玩家的心理時間，長時間不切換地形會使玩家感到疲勞，過度切換則會使玩家焦慮、失去存在感，因此遊戲中要合理地切換地形。（圖1-27）

圖 1-23 《星界邊境》遊戲邊界

圖 1-24 《神魔大陸》遊戲邊界

圖 1-25 《惡靈古堡》

圖 1-26 《軒轅劍》

圖 1-27 《星際爭霸》

圖 1-28 遊戲目標佈告欄　　　　　　　　圖 1-29 遊戲目標地圖告示欄

圖 1-30 《超級馬利歐》

1.2.4 目標

目標在遊戲關卡中作為衡量遊戲進度的尺規，是關卡設計的核心。一個關卡中，主目標作為關卡設計的基礎，即希望玩家透過此關卡而達成任務。除主目標外，為豐富遊戲的內容以及情節，關卡設計師通常採取設置子目標的方式對主目標進行擴展。主目標本身也可透過多個子目標之間的串聯或並聯共同組成。所以，關卡目標的設置應該明確簡單，毫不含糊。可重複利用的關卡可以增加玩家的遊戲時間，但同時會使玩家感到疲勞，適當增加目標的複雜度與重複度可以很好地調節遊戲節奏。增加子目標的典型案例是角色扮演遊戲，如圖 1-28 的遊戲中玩家需要從藥劑師那裡拿到仙靈草，然後去魔法師那裡找孔雀羽毛、去術士那裡搜集仙丹，再回到藥劑師這裡完成藥物的合併或者換取新的裝備，如圖 1-29 的遊戲中需要玩家到指定告示欄領取任務。

1.2.5 情節

情節和關卡之間的關係可以多種多樣。兩者之間不需要強制性關聯，早期的遊戲《超級馬利歐》每一大關的情節是相同的，都是將公主搶走，一共 8 個大關，後面的關卡情節重複著前面的情節，但關卡內容完全不同，遊戲難度也在逐漸增加（圖 1-30）。角色扮演遊戲更注重遊戲情節與關卡的關係，經常使用章節的概念規劃整個關卡，關卡與情節之間有著必然的聯繫。大部分遊戲是透過過場動畫交代遊戲故事情節與背景，特別是透過利用過場動畫使玩家明確下一個關卡的任務，玩家會在遊戲過程中得到相應的提示。

1.2.6 道具

道具是一個遊戲關卡不可或缺的組成部分。道具的選擇與擺放對遊戲情節的發展發揮至關重要的作用，道具的使用應該注意與情節發展等遊戲因素緊密結合。關卡設計師透過對不同道具的安排和佈置調節遊戲的平衡與節奏。在遊戲情節允許的條件下使用更多的道具可以增加遊戲的樂趣，但同時這也為程式部門增加了更多的難度。龐雜的道具系統容易導致系統出錯，合成類道具最易出現此類問題。（圖1-31）

圖1-31 遊戲道具

1.2.7 敵人

同道具一樣，各類敵人在關卡中出現的位置、次序、頻率、時間，決定了遊戲的節奏和玩家體驗遊戲的直觀感受。例如，早期的動作類遊戲中，敵人不具備智慧行為，其行為透過預先設定，在同樣的地點或者在同樣的時段出現後執行同樣的動作。因為遊戲設計師對敵人具有完全的控制能力，透過細心調節，以及設置各類敵人出現的位置、次序、頻率、時間等，力求達到最佳的效果，這樣的操作形式使老一代遊戲具有特殊的挑戰性，玩家可以不斷地挑戰敵人使自己操作的角色達到不死的境界，由此出現了一代的經典遊戲，如《魂鬥羅》（圖1-32）、《超級馬里奧》（圖1-33）、《松鼠大戰》。

圖1-32 《魂鬥羅》

三維射擊遊戲問世後，非玩家控制角色的概念得到了發展，人工智慧的作用逐漸在關卡中凸顯出來。遊戲設計師已喪失對關卡中敵人行為的完全控制力，敵人出現的時機和行為，不再是事先設定，而是在一個大的智慧行為系統和人工智慧的指導下完成，具有自主的變化和靈活性。如何利用有限的控制能力去實現最佳效果，是新一代遊戲關卡設計師所面臨的難題。針對這一難題，關卡設計師要透過和開發人工智慧的程式師合作，使遊戲既富於驚奇變化，又具有一定的平衡性。

圖1-33 《超級馬利歐》

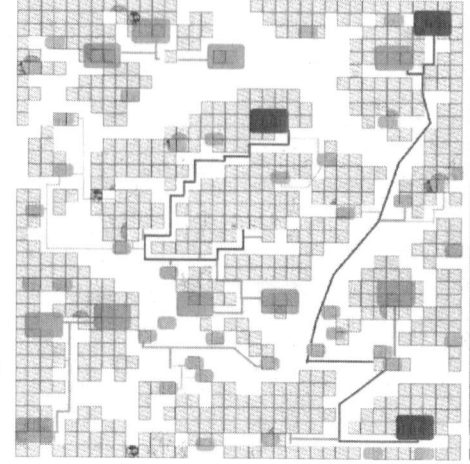 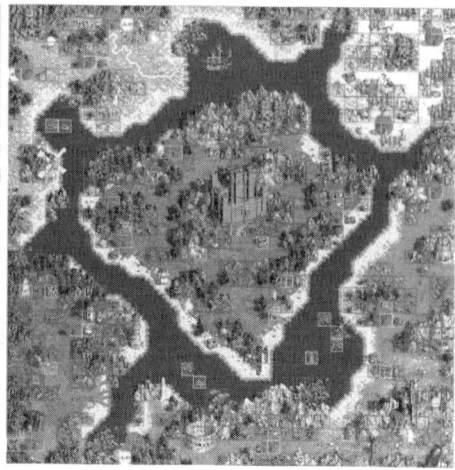

圖1-34 《英雄無敵3》左圖為功能關卡，右圖為對應的視覺關卡

1.3 遊戲關卡設計在遊戲製作中的價值

遊戲關卡設計是將各種設計項目最終融合為遊戲的重要過程。它承載了遊戲世界觀、系統設計、玩法規劃、數值平衡、遊戲節奏、遊戲畫面等多方面的任務。

遊戲的可玩性和玩家的投入度是檢驗關卡設計成功與否的唯一標準，一款遊戲想要成功，關卡設計在其中的作用是不容忽視的。當遊戲世界觀建立起來，功能關卡的任務設置由策劃基本完成，關卡設計師根據相關關卡的策劃，製作出功能關卡示意圖來解釋玩家將會經過哪些地方，以及描述各個區域將會發生的事件。這樣的操作流程大幅度減少了遊戲製作的成本與時間，為遊戲的前期溝通提供了有力的保障。

透過功能關卡的演示與可行性探索討論後，由關卡設計師完成整個視覺關卡的編輯，從而產生遊戲所需要的遊戲地圖。地圖測試合格後開始進行整個遊戲的視覺關卡設計，視覺關卡設計通常由關卡設計師、程式設計師、美術人員共同完成，將功能關卡轉換為視覺關卡後，對地圖局部區域進行修改或者增加新的資源，最終達到遊戲關卡功能與審美兩者的統一（圖 1-34、圖 1-35）。

關卡設計可以理解為一個遊戲的縮影，關卡設計在不用投入大量人力物力的基礎上完成一款遊戲的策劃與開發，關卡設計在整個遊戲設計流程中發揮非常重要的作用，為後期大規模開發提供了有力的實踐論證。

圖 1-35 《英雄無敵 3》關卡最終展示圖

1.4 遊戲關卡設計的發展趨勢

　　遊戲關卡設計的進步與電腦硬體的發展密不可分，每一次電腦硬體技術的提升，相應的遊戲關卡設計內容也會變得更為豐富。同樣，遊戲關卡的形式也依附於硬體技術的發展，硬體技術的發展使遊戲的形式變得更為多樣。

　　在 20 世紀 80 年代的 8 位機（任天堂紅白機）時代，數位硬體的發展較為緩慢，遊戲關卡多為硬體編寫，其運算速度受到了極大的限制。這一時期的遊戲關卡多為"固定關卡"。這類關卡的特點是遊戲內容固定化、程式化、複雜度低，如敵人沒有任何智慧，會在固定的時間和固定的地點出現，出現後會完成固定的動作。例如《魂鬥羅》、《沙羅曼蛇》（圖 1-36）、《超級馬利歐》。

　　隨著硬體技術的不斷進步與發展和 PC 時代的到來，以及軟體程式的普及，遊戲的開發方式也轉變為軟體程式設計，在這樣的時代背景下，遊戲運行速度與 PC 硬體發展速度之間的關係變得極為密切，硬體運算速度越快，在同等時間內可運行的程式命令也越多，遊戲的關卡內容也就越豐富。

　　PC 時代，遊戲的內容與形式都呈井噴式增長，其中畫面的精緻度與關卡邊界的擴展最具有代表性。1990 年遊戲的畫面以圖元為主；2000 年後三維遊戲有了長足的發展；到了 2005 年，遊戲畫面基本可以達到真實世界的還原；2010 年後，遊戲的畫面可以達到電影的畫面效果，這也為遊戲關卡設計的豐富奠定了堅實的基礎。

　　遊戲關卡的邊界隨著畫面進步的同時也在不斷擴大，從一個關卡到下一個關卡需要預讀很長時間，如《最終幻想 8》（圖 1-37）關卡與關卡之間只是為了簡單地區分情節、《孤島危機 3》（圖 1-38）每一關卡之間的預讀時間較長，直到現在有些遊戲已經沒有地圖邊界的概念，角色走到任何地方，都能夠自動生成隨機地圖。

　　遊戲關卡的基本內容由固定的地圖轉變為隨機生成的地圖；敵人的數量從單個個體發展至群體甚至集團；由前期的簡單固定的任務轉為可變性任務；由一個關卡一個任務變為一個關卡一個主任務與無數個子任務交疊，並且含有隱藏任務。在關卡設計的升級中，透過不同的任務，可以重複利用同樣的場景和怪物，任務並不具有明確的開始與結束點，遊戲的目標和關卡的挑戰變得更為靈活。在如今的遊戲關卡中，出現了超越任務的系統活動，這類系統活動可能是由多個任務組合，並透過各種形式最終讓玩家產生體驗遊戲的動力，沉溺遊戲並獲得獎勵。

　　人工智慧的出現推動了遊戲關卡設計的發展，使遊戲關卡設計發生了質的飛越，關卡設計師也贏來了史上最大的挑戰。具體表現為：關卡目標由單一的目標向多目標轉化，敵人的行為由預設行為轉化為智慧行為。如在《使命召喚 8：現代戰爭 3》這款遊戲中，如果玩家提升了敵人的智慧，敵人會根據玩家的武器與裝備及血量自動調整自己的運動方式和攻擊方式，甚至會出現從玩家身後包抄的行為（圖 1-39）。

　　在人工智慧系統下，關卡設計師不能完全操控電腦角色的行走，從而導致更多的意外在一個關卡中出現。比如關卡設計師誤判電腦角色的智力，結果導致整個關卡中所有的電腦角色相比人為操作的角色更加靈活和機動，使玩家產生極強的挫敗感，使遊戲關卡無法順利進行。在不久的將來，人工智慧的發展可能會使遊戲方式發生徹底改變。

　　電腦以及生物感知技術的發展，使遊戲與玩家的交互越來越密切，重力感應、方位感應、角度感知、心跳檢測等技術的完善使遊戲關卡設計變得更為複雜，未來的遊戲關卡不僅會注重視覺感與操作感的設計，還會考慮注入氣味、情緒等更為複雜的形式。

遊戲關卡設計的演變遵循電腦發展的基本規律，即由簡單到複雜、由單線到多線、由平面到立體的過程。最初的遊戲幾乎由一個簡單的關卡構成，例如《俄羅斯方塊》《乒乓球》等。隨後遊戲關卡中出現了敵人，例如《小蜜蜂》裡的太空蟲子；同時還出現了遊戲場景關卡，例如《超級馬利歐》裡的橫版關卡地圖。

　　遊戲關卡的製作環節也由單人製作轉變為多人合作，由關卡設計師獨立完成到跨學科、跨領域的多項合作。假設一款未來遊戲的案例（休閒類養花遊戲）：一朵花從種子開始逐漸發芽，當出現花蕾的時候植物開始散發出淡淡的香味，最終花完全盛開後散發出特殊的香味。玩家在養花時使用不同的肥料，會使花散發出不同的香味，並且可以透過 3D 列印設備，將這株植物列印成實體。這樣一個簡單的遊戲就包含了電子技術、生物學技術、3D 列印技術

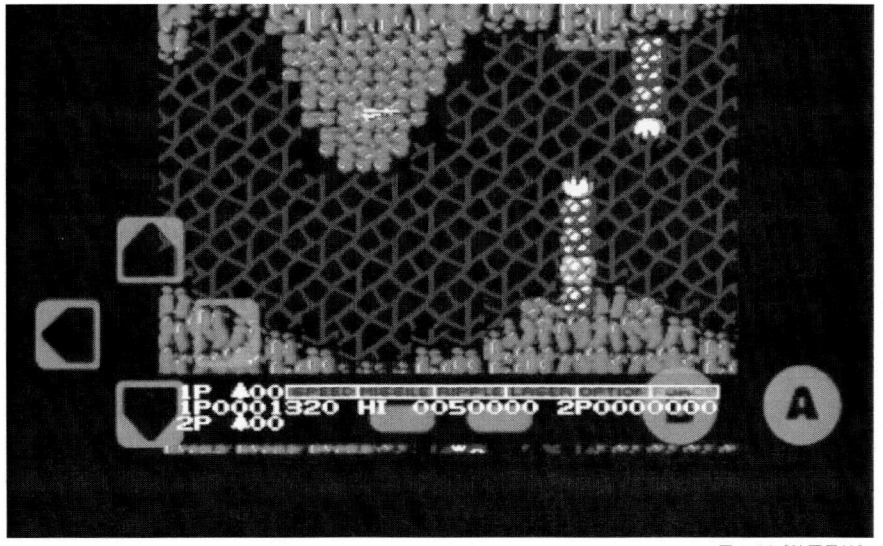

圖 1-36《沙羅曼蛇》

圖 1-37《最終幻想 8》

圖 1-38《末日之戰 3》

圖 1-39 《使命召喚 8：現代戰爭 3》

圖 1-40 3D 列印設備

教學導引

小結：

  本章對遊戲關卡設計概論與意義的理論基礎進行了論述。透過本章的學習，學生可以對整個遊戲關卡設計的歷史脈絡及關卡設計發展的趨勢有一個全面的瞭解；對遊戲關卡設計的原則與遊戲關卡設計在遊戲中以及在社會中的價值有深入的認識，為遊戲關卡設計打下堅實的理論基礎；對遊戲關卡設計的前期策劃進行分析理解，能夠把握遊戲關卡的設計趨勢；依據遊戲關卡設計構成要素，建立良好框架學習意識。

課後練習：

  1. 梳理一款已經上市的不同版本的 RPG（如《最終幻想》系列），對每個版本的變化進行比較分析（劇情設置、關卡形式變化、關卡地圖變化等）。

  2. 使用本章所學內容，策劃一款簡單的塔防遊戲的闖關部分，並分析所策劃的遊戲關卡相比同類遊戲關卡設計的優勢。

第二章
遊戲關卡設計的內容

功能關卡

視覺關卡

遊戲引擎

> **重點：**
> 　　本章著重講述遊戲關卡中的功能關卡和視覺關卡的基本內容，以及遊戲引擎的相關基本知識。透過本章的學習，學生可以切實地瞭解遊戲關卡設計中遊戲功能關卡以及遊戲視覺關卡的基本知識，並且對遊戲引擎的種類及功能有所認識，為後續遊戲關卡的設計打下堅實的基礎。
>
> **難點：**
> 　　能夠熟練地掌握功能關卡；能夠充分認識關卡設計中的可行性、趣味性以及挑戰性之間的聯繫；把握遊戲引擎中關於遊戲引擎的特點與功能。

2.1 功能關卡

　　作為遊戲關卡策劃與製作的前期部分，功能關卡的表現形式是以簡潔的圖形結合圖示、圖示或文字的介紹，清晰直觀地將遊戲關卡的內容、關卡與關卡之間的連通方式，以及劇情和關卡節點，設置在一個遊戲關卡之內的分佈情況。

　　任何一個遊戲關卡都需要玩家根據遊戲情節的發展透過關卡中的障礙物或者道具物品，完成相對應的任務，最終完成遊戲關卡的體驗。但作為關卡設計師要從整體出發策劃設計整個遊戲關卡。

　　功能關卡示意圖的繪製使遊戲策劃部門與美術部門能更好地銜接，有利於直接表達遊戲的核心玩法以及遊戲機制。一個優秀的功能關卡草圖可以簡單明瞭地表明關卡設置的目標、遊戲的節奏、遊戲道具的擺放，以及關卡之間節點的設置等，功能關卡示意圖可以大幅度提升遊戲策劃與製作的效率，在降低遊戲生產成本的同時，一個完善的功能關卡設計可以為前期發現遊戲問題提供參考，並能夠為後期提高遊戲的可玩性與趣味性打下堅實的基礎（圖2-1）。

2.1.1 劇情、氛圍的營造和對話

1. 關卡的展開方式

　　任何遊戲的關卡都是從一個特定的劇情開始的。優秀劇情的發展是雙向的，一部分依賴於遊戲本身策劃的內容，另一部分是為滿足遊戲劇情發展的需要進行的互動。一個遊戲的功能關卡設計應展現出玩家在交互的過程中對遊戲劇情發展的推進作用，在完成相關關卡任務後所展開的劇情，改變關卡之間結點的具體方位，以及道具的設置與劇情展開之間的意義等資訊。

　　在設置功能關卡的節點中要注意的問題有：

（1）選擇敘述故事的方式

　　遊戲敘述故事的方式不同於小說、電影等傳統媒體，導致了其有自身特有的敘述方式。

遊戲的敘述方式大體可以分為故事開始、玩家互動、闖關成功、完成敘述四個部分。

精簡、直接和增加玩家投入度是劇情展開的重要標準。大量的文字敘述會降低遊戲玩家的投入度，大量的對白會讓玩家產生反感情緒。遊戲敘述更應該體現主角的特點，即玩家就是遊戲發展的線索，玩家透過與遊戲的互動而促成一個結果的產生。在這樣的背景下，關卡設計師應該能夠充分調動各種資源，在增加玩家投入度的同時減少不必要的重複，能不用過場動畫交代的劇情就加入遊戲，能夠用路標指示的就不用對白，能夠使玩家自己想出來答案就不用提示。（圖 2-2）

（2）劇情的節點設置

節奏的把握是劇情節點設置的必要前提。遊戲劇情的設置以遊戲發展脈絡為依託，在對遊戲劇情的節點進行設計時，需與遊戲整體劇情發展同步。在這樣的背景下關卡設計師應合理調配各個節點的節奏，使各個節點的節奏與整體遊戲劇情的進展相統一，使玩家透過對整體遊戲劇情發展脈絡的瞭解，減少玩家在體驗遊戲關卡過程中產生的違和感，這也是關卡設計師設置劇情節點的核心工作。

遊戲的節奏最終也會體現在滑鼠點擊的頻率上，遊戲關卡的完成是透過玩家點擊滑鼠或者控制操縱器的次數決定的，點擊的頻率低表明遊戲節奏較為舒緩，點擊的頻率高表明遊戲節奏緊張。合理地調整滑鼠點擊的密度能夠把握好遊戲的節奏。（圖 2-3）

（3）提示性語言的加入（含對白）

精簡、合理、適度是關卡設計師設計提示性語言的基本條件。提示性語言在遊戲中呈現的方式多種多樣，例如玩家之間的對話，非玩家控制角色的提示語，或路標提示對白等。提示性語言的加入在一定程度上會使遊戲缺乏一定的未知性，干擾玩家在遊戲中的體驗，降低玩家在遊戲中的投入度。優秀的關卡設計師在設計提示性語言時，應該本著遊戲主題在提示性語言中得以體現為原則，以減少不必要的資源浪費。（圖 2-4）

2. 遊戲內容擴充

一個遊戲關卡相當於一個小的世界，只有單線劇情的遊戲會使玩家因長久的操作而感到疲勞，遊戲內容的擴充是遊戲關卡設計必須考慮的問題。關卡設計師在進行遊戲關卡設計時，不僅要考慮玩家在闖關時必須經歷什麼，玩家可以自主選擇的經歷是什麼，同時還應考慮玩家自主選擇的經歷與遊戲主線產生的直接關係。

最典型的例子就是角色扮演遊戲所使用的升級機制，當玩家按照最短途徑到達關卡末端時，由於等級的限制使玩家不能順利通關，此時玩家就會在整個地圖關卡中尋找可以提高等級的方式。玩家提高等級的方式是多種多樣的，結果卻是相同的。這是最簡單的擴充遊戲內容的方式，但絕不是最好的方式。（圖 2-5）

內容的擴充包含場景的轉換或者氛圍的變化。場景轉換的方式可以透過使用支線任務的方式完成，即在關卡設計中透過對支線任務的設計來達到增加遊戲內容擴充的目的；場景氛圍的變化影響著玩家心理時間的變化，如一個關卡具有四個季節並且有相應的遊戲機制配合季節的變化，玩家會在心理上延長關卡體驗的時間，透過一個關卡就會產生透過了很多關卡的感受，這種場景的氛圍變化對玩家心理的催化作用是一種很有效的擴充遊戲內容的方式。

《魔獸世界》副本關卡的增加就是一個極佳的遊戲內容擴充的例子。（圖 2-6）

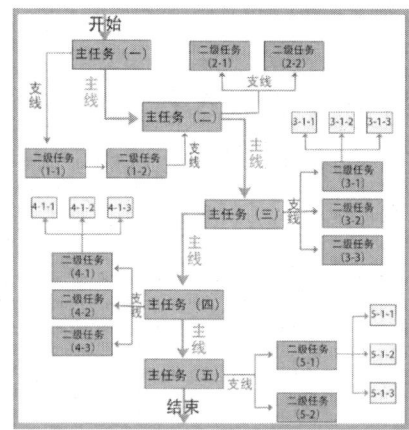
圖 2-1《無敵英雄》(功能關卡示意圖)

圖 2-2《激戰 2》

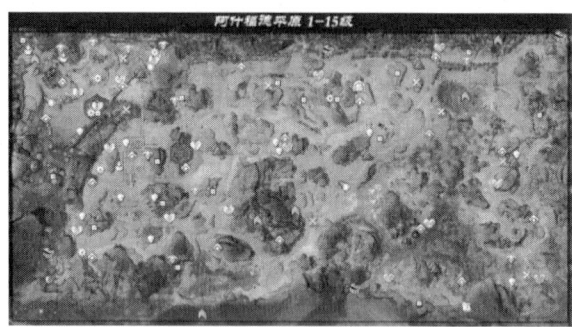
圖 2-3《激戰 2》

圖 2-4《激戰 2》

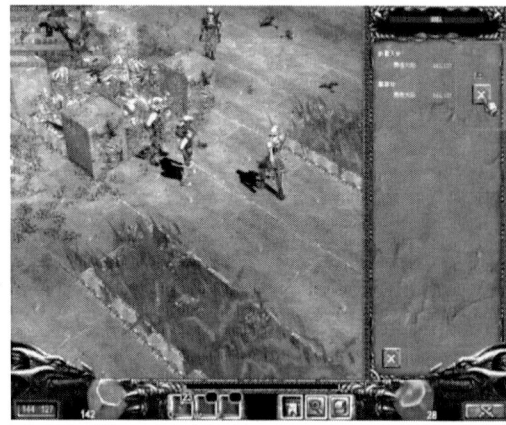
圖 2-5《奇蹟》

圖 2-6《魔獸世界》

2.1.2 遊戲系統

遊戲系統作為遊戲關卡設計的核心，是一款遊戲是否成功的重要因素。遊戲系統的建立是由一個或者多個遊戲機制共同作用而成的。但遊戲機制不是一個關卡，一個關卡中可以有多個遊戲機制。在《丟手帕》這類傳統兒童遊戲中，丟手帕並且發現手帕這個過程是一個遊戲機制，發現手帕後去追丟下手帕的人是另外一個遊戲機制，這兩個遊戲機制共同組成了《丟手帕》這個遊戲系統。從丟手帕到抓住丟手帕的人整個過程可以看作一個遊戲關卡，下一個人開始繼續重複上一階段的內容又是另一個全新的關卡。（圖 2-7）

任何一款優秀的遊戲，其系統都是由多個遊戲機制透過一定的方式組合而成。關卡設計即是將多個遊戲機制有機地組合起來形成一個高效的遊戲系統，不同的遊戲機制能夠使玩家在體驗遊戲的過程中感受到不同的樂趣。《機械迷城》遊戲裡加入了打飛機通關後即可得到提示的方式，很好地緩解了玩家無法過關時產生的焦慮感（圖 2-8）。不同的遊戲機制會激起玩家不同的興趣，某些遊戲機制也會使玩家失去遊戲樂趣。如在一款空戰遊戲中加入一道數學題，解出題目的答案才可以放出炸彈，這樣的機制就會嚴重影響整個遊戲關卡的流暢度，會使玩家產生反感情緒，從而放棄遊戲。

圖 2-7《丟手帕》遊戲

 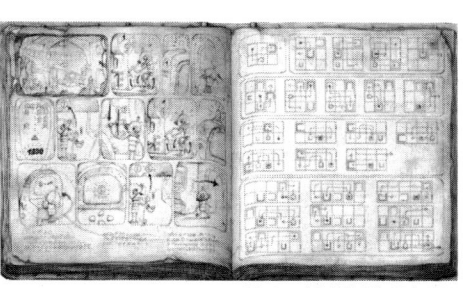

圖 2-8《機械迷城》關卡圖解

2.2 視覺關卡

如果將功能關卡比喻為人的靈魂和骨架，那麼視覺關卡就是人的血肉。視覺關卡呈現出的內容就是遊戲最終所表現出來的內容，玩家對視覺關卡的直觀感受反映出功能關卡的精良程度。視覺關卡是功能關卡的物化形式，功能關卡是視覺關卡的靈魂。

2.2.1 視覺關卡的構成元素

遊戲關卡中視覺關卡部分由以下元素構成（以《魔獸世界》為例）：

1. 場景

氛圍、地形、建築、植物、光效。（圖 2-9）

2. 角色

主角、非玩家控制角色、哺乳動物（寵物）。（圖 2-10）

3. 道具

遊戲中的道具大致可分為三類：消耗品（圖 2-11）、裝備品（圖 2-12）和任務品（圖 2-13）。

（1）消耗品

消耗品包括食物、藥品、打造原料、合成原料、暗器、攝妖香、飛行符、寵物口糧等。其中攝妖香、飛行符、寵物口糧和部分食物、藥品可以在物品欄裡疊加，其他物品不能疊加。飛行符和攝妖香是江湖人士的常用之物，有了它們在江湖上行走會更加方便。（圖 2-14）

圖 2-9《魔獸世界》場景

圖 2-10《魔獸世界》人物模型

圖 2-11《魔獸世界》藥草 消耗品

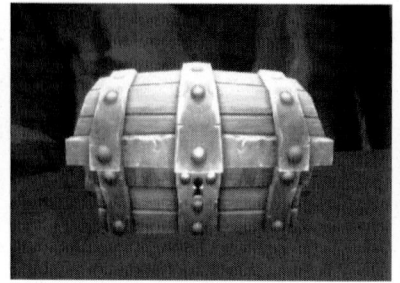

圖 2-12《魔獸世界》容器 裝備品

圖 2-13《魔獸世界》任務品

（2）裝備品

裝備品包括武器、頭盔、鎧甲、腰帶、靴子、飾物。初級的裝備品可以在商店中購買，高級裝備品需要透過打造才能得到。一些裝備品受性別、等級和角色特有的限制，可以對使用過的裝備進行修復。（圖 2-15）

（3）任務品

任務品包括劇情道具、幫派商品、書信、鏢銀、情報簿、通緝榜等，其中劇情道具是用於完成劇情任務的，不能交易。物品丟棄後出現在當前視野內的場景中，可以被拾取。系統會定時進行刷新，刷新後地面上未被拾取的丟棄物品將會消失。（圖 2-16）

視覺關卡通常由場景的分佈、關卡節點的穿插，以及物品之間的擺放等構成。一個優秀的視覺關卡，在功能上有能夠完全滿足功能關卡的作用，在視覺表現力上可以透過合理的布局以及考究的物件擺放來體現視覺關卡設計師的審美情趣。

視覺關卡設計最重要的功能是滿足策劃與功能關卡的需求。優秀的視覺關卡不僅可透過視覺化方式表現功能關卡的構成要素，同時還便於玩家進行遊戲體驗。視覺關卡不但可以使玩家直觀地體驗遊戲中道具的等級、道具的類型等資訊，還可使玩家透過尋找物品，感受關卡設計師帶來的視覺體驗。

優秀的視覺關卡，在達到功能上的基本需求和完善場景道具的擺放後，還能為遊戲畫面的遊戲氣氛提供有力的支援，能夠使玩家在很短的時間內直接感受到關卡最終的任務目標和即將面臨的困難等。

圖 2-14《魔獸世界》消耗品

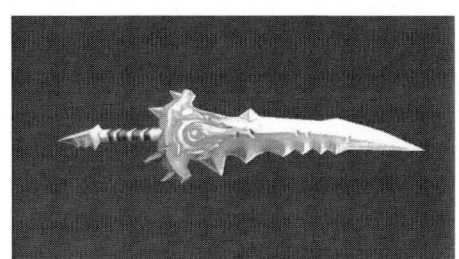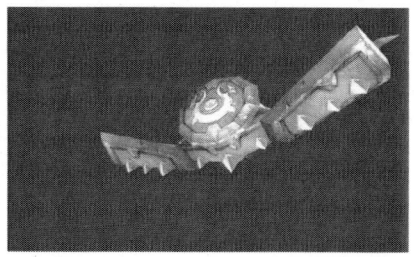

圖 2-15《魔獸世界》裝備品

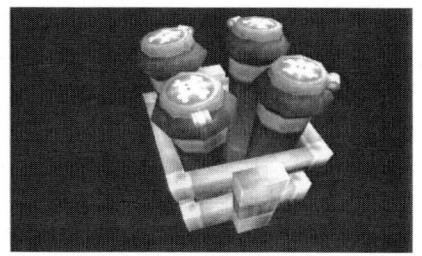

圖 2-16《魔獸世界》任務品

2.2.2 視覺代入感

遊戲的視覺代入感是檢驗遊戲關卡優劣最直接的方法。視覺關卡具有視覺代入感，一款遊戲的成敗往往取決於第一眼的印象，遊戲畫面作為企業傳遞產品和服務資訊最常用的方式，能直接有效地把遊戲世界觀與服務資訊傳遞給玩家，使玩家透過第一印象對遊戲產生好感，引發興趣，刺激需求欲望，最後促成購買行為。

能夠產生視覺代入感的遊戲畫面應具備的特徵有：

1. 畫面越真實越有視覺代入感

人類對真實畫質的渴望從未停止，遊戲畫面總體也在朝著這個方向發展。遊戲畫面作為遊戲呈現的第一道風景，是玩家接觸遊戲的第一印象，從黑白單色到真彩色，從圖元符號到逼真的三維實體，遊戲引擎硬體的發展帶來了遊戲畫面品質的不斷提升。現今，次時代遊戲引擎使畫面的代入感日益加深，人物毫髮畢現，動作協調，氣氛逼真，這種優質的遊戲畫面給玩家帶來了視覺與交互的雙重衝擊，玩家無須憑藉閱讀和聯想，直接進入遊戲就能真切地體驗遊戲世界。《末日之戰》就是這一類型遊戲的典範（圖 2-17）。

圖 2-17《末日之戰》

2. 畫面氛圍帶給人的心理感受越強，越具有視覺代入感

氛圍是心理場產生的核心因素。遊戲畫面的氛圍也是烘托整體遊戲視覺感受的重要因素，同樣也是玩家心理場產生的直接原因。有較好畫面氛圍的遊戲可以使玩家投入的時間更長。

當一款遊戲的畫面具有很好的代入感時，遊戲就成功了一半，這也是視覺關卡設計的核心競爭力，任何一款優秀的遊戲如果沒有代入感就等於徒勞。《風之旅人》就是視覺代入感極其成功的案例（圖 2-18）。

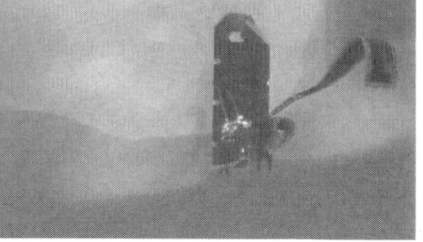

圖 2-18《風之旅人》

2.3 遊戲引擎

2.3.1 遊戲引擎的概念

遊戲引擎是指一些已編寫好的可編輯電腦遊戲系統或者一些互動式即時圖像應用程式的核心組件。這些系統為遊戲設計者提供編寫各種遊戲所需的工具，其目的在於讓遊戲設計者能方便快速地做出遊戲程式。大部分都支援多種作業系統平台，如 Linux、Mac OS X、微軟 Windows。（圖 2-19）

圖 2-19 UDK 引擎

2.3.2 遊戲引擎技術組成

經過不斷演化，如今的遊戲引擎已經發展為一套由多個子系統共同構成的複雜系統。從建模、動畫，到光影、粒子特效；從物理系統、碰撞檢測，到檔管理、網路特性，以及專業的編輯工具和外掛程式，幾乎涵蓋了開發過程中的所有重要環節。從結構上來看，遊戲引擎可以分為如圖 2-20 所示的幾個部分。

虛線框所包含的就是一個遊戲引擎所包含的各個部分，它包括各種子系統、相關工具及支撐模組。

2.3.3 遊戲引擎的主要系統

遊戲引擎包含渲染引擎（即"渲染器"，含二維圖像引擎和三維圖像引擎）、物理引擎、碰撞檢測系統、音效、腳本引擎、電腦動畫、人工智慧、網路引擎，以及場景管理。這裡僅對影響遊戲視覺因素的渲染引擎進行講解。

1. 二維圖像引擎

二維圖像引擎主要使用在二維遊戲中，是一種不斷重複繪製圖像，並向外部表達圖像的系統。二維圖像引擎技術難度低，目前在一些軟體（如 Flash）中使用簡單的指令碼語言就可

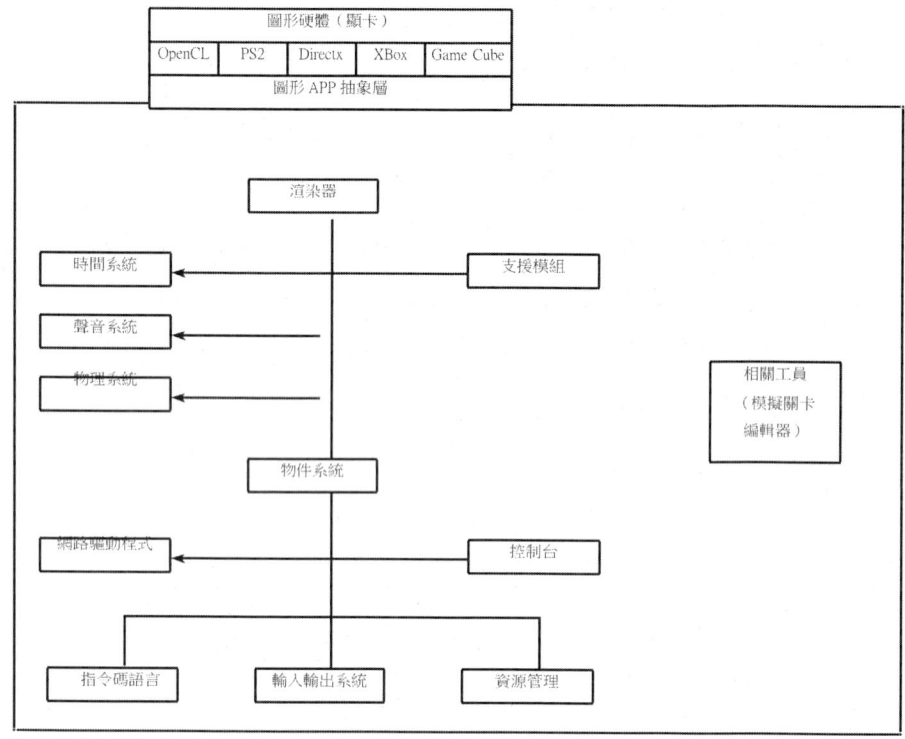

圖 2-20 遊戲引擎結構圖

實現較為複雜的遊戲內容與方式。《英雄無敵 3》遊戲就是使用二維圖像引擎開發並且做得非常極致的一個典範（圖 2-21）。

2. 三維圖像引擎

一些三維圖像引擎只包含即時三維渲染能力，不提供其他的遊戲開發功能。三維圖像引擎具有向下相容的能力，三維圖像引擎一般都支援二維圖像渲染，但有些三維圖像引擎並未開發出二維引擎模組供關卡設計師使用。純三維圖像引擎需要遊戲開發者自行開發所需的遊戲功能，或者集成其他現有的遊戲組件。這些引擎通常被稱為 "圖像引擎" "渲染引擎" 或者 "三維引擎"，而非 "遊戲引擎"。這個術語的定義與界限由於受軟體技術發展的影響已經變得模糊，很多特徵明顯的三維圖像引擎被簡稱為 "三維引擎"，但其中已經包含了遊戲系統的程式設計能力。一些典型的三維圖像引擎有：Genesis3D、Irrlicht、OGRE、RealmForge、Truevision3D 和 Vision 引擎。現代遊戲或圖像引擎通常提供場景的圖形結構，該結構採用物件導向的方式表示三維遊戲世界，方便進行遊戲設計和高效地渲染虛擬世界。

圖 2-21《英雄無敵 3》

3. 自訂圖像引擎

前面說到的遊戲引擎技術對於遊戲的作用並不僅限於畫面，它還影響遊戲的整體風格。當玩家開始對相似的遊戲內容和情節感到厭倦時，開發者們不得不從其他方面尋求突破，由此出現了自訂圖像引擎。

比較有代表性的第一人稱射擊遊戲有《馬克思佩恩》《紅色派系》《重裝武力》和《海底驚魂》等。

《馬克思佩恩》採用 MAX-FX 引擎，MAX-FX 引擎作為第一款支援輻射光影渲染技術（Radiosity Lighting）的引擎，其特點是能完美結合物體表面的所有光源效果，根據物體材質的物理屬性及幾何特性，準確地計算出每個點的折射率和反射率，讓光線以自然的方式傳播，為物體營造逼真的光影效果。MAX-FX 引擎的另一個特點是所謂的"子彈時間"（Bullet Time），以電影《駭客帝國》的慢動作鏡頭表現手法為例，子彈發動的時間逐漸減慢，方便玩家做出各式各樣的瞄準動作。MAX-FX 引擎的問世把遊戲的視覺效果推向了一個新的高峰。（圖 2-22、圖 2-23）

《紅色派系》採用的是 Geo-Mod 引擎，它是一款具有強大互動能力的遊戲引擎，其有可任意改變幾何體形狀的特點。例如，遊戲中玩家可以使用武器破壞任何堅固的物體，或穿牆而過，或炸出溝渠作為防備。Geo-Mod 引擎的另一個特點是高超的人工智慧，在遊戲體驗過程中，敵人不僅可以透過視覺和聲音做出相應的反應，還能透過玩家遺留在物體上的彈藥痕跡對玩家的方位做出分析，時刻保持警覺。（圖 2-24、圖 2-25）

圖 2-22《馬克思佩恩 3》

圖 2-23《馬克思佩恩 3》

圖 2-24《紅色派系》

圖 2-25《紅色派系》

圖 2-26《重裝武力》

《重裝武力》採用的是 Serious 引擎，這款引擎具有強大的渲染能力，當玩家面對人群或恢巨集的場景時，畫面仍在延續，整體效果可與虛擬 3D 相媲美。（圖 2-26、圖 2-27）

《深海驚魂》採用的是 Krass 引擎，這款引擎具有優秀的影像處理能力，被作為 NVIDIA GeForce 3 的官方指定引擎，專門用於宣傳、演示 NVIDIA GeForce 3 的效果。（圖 2-28）

圖 2-27《重裝武力》　　　　　　　　　圖 2-28《深海驚魂》

2.3.4 主流遊戲引擎的功能概述

人類對再現真實世界的渴望必然導致三維遊戲引擎的興起，電腦硬體的大幅進步使現在的遊戲引擎都以三維為主。

三維遊戲引擎工作的原理是：將部分複雜的圖形演算法封裝在底層模組中，引擎的使用者直接調取圖形模組進行工作，使遊戲開發人員運用 SDK 介面就能夠方便快捷地使用遊戲引擎。SDK 介面的使用，可以實現 3D 遊戲常用的功能需求，在三維遊戲引擎中一般會內置部分編輯功能，主要包括引擎的場景編輯、模型編輯、動畫編輯、粒子編輯等功能，此功能的加入使不懂程式設計的遊戲美術工作人員透過借助引擎中的編輯工具就可以直接進行遊戲的編輯工作，大幅度提高了工作效率和工作品質。

任何一款遊戲引擎都會提供與引擎相關的協力廠商軟體的介面，如 3DS Max、Maya 等。網路時代的到來導致三維遊戲引擎開發商也開始提供網路管理、資料庫、腳本編輯等方面的功能服務。

2.3.5 主流三維遊戲引擎的分類

每一款遊戲引擎的開發思路與側重點的不同，使遊戲引擎對運行平台的需求也存在較大差異，製作出的遊戲也各具特色。目前主流的遊戲引擎為 CryEngine、Frostbite Engine、Gamebryo 遊戲引擎、Source 遊戲引擎和 BigWorld 遊戲引擎。

1.CryEngine

CryEngine 由德國 Crytek 公司研發。CryEngine 具有多種繪圖、物理和動畫的技術，世界遊戲業內認為其堪比 Unreal 遊戲引擎。

《末日之戰》就是採用的 Crytek 自主開發的 CryEngine 2 引擎。

CryEngine 作為第一人稱射擊遊戲引擎的代表，其物理特效達到的畫面效果史無前例，營造出真實世界無法比擬的視覺效果。例如遊戲中物體的損壞、玩家揀拾和丟棄系統、物體的重力效應、人或風對周邊環境的形變效應、爆炸的衝擊波效應以及敵人豐富的 AI（Artificial Intelligence 人工智慧）等逼真環境體驗，帶給了玩家前所未有的遊戲體驗。（圖 2-29）

《末日之戰》系列遊戲憑藉 CryEngine 強大的影像處理能力，率先支援 DX9、DX10、DX11，且擁有更先進的植被渲染系統，突出自然和諧的光源並即時生成柔和陰影，高分辨率、帶透視矯正的體積化陰影效果，為玩家還原了一個真實、生動的熱帶雨林生態系統。此外，在遊戲體驗時玩家不需要透過暫停來載入附近的地形，地形的變化可透過遊戲引擎進行無縫銜接。遊戲大量使用圖元著色器，例如鏡面的反光以及樹蔭的斑駁或是樓房玻璃的反射等效果都栩栩如生。（圖 2-30）

CryEngine 的物理類比技術將遊戲場景中的一切事物真實化，樹木以及植被透過外力的作用會發生相應的物理變化。玩家在進行遊戲體驗時，透過破壞周邊環境和損壞建築物以及場景自帶物體等來增加遊戲的可玩性。

CryEngine 將遊戲互動體驗提升到一個史無前例的巔峰，創造出了實力性系列遊戲《孤島危機》，透過引入白天和黑夜交替的設計，讓玩家們體驗到最接近真實世界的場景特效。其遊戲場景的真實性已可以與電影效果相媲美，給予真實感的視覺效果技術和物理性類比的應用，展現了這款遊戲引擎的非凡實力。

圖 2-29 CryEngine 2

圖 2-30 《末日之戰》

2. Frostbite Engine

Frostbite Engine，又稱寒霜引擎，起初是為 EA DICE（美國藝電數字幻影創新娛樂）的《戰地風雲》系列遊戲而設計的一款三維遊戲引擎。該引擎從 2006 年起開始研發，經過兩年完成。世界第一款使用 Frostbite Engine 的遊戲於 2008 年問世，寒霜引擎為設計類遊戲提 供了強大的技術支援，在後續的研發與應用中主要針對軍事射擊類系列遊戲《戰地風雲》。（圖 2-31）

Frostbite Engine 的特點是功能全面，耗費系統資源較少，能夠有效地利用較少的系統資源、時間、地形、建築，並能夠快速計算出較為優秀的破壞效果（如用手將木箱擊碎）。Frostbite Engine 起初是為遊戲《戰地風雲：惡名昭彰》專門開發的，其基礎特性均迎合了《戰地風雲》惡名昭彰的特點。由於開放的構架 Frostbite Engine 有較大的靈活性，在不同遊戲的需求 下可以透過適當修改引擎以達到最佳的效果。

使用 Frostbite Engine 打造的《戰地風雲：惡名昭彰》是一款次世代遊戲的代表作品，玩家以小隊長的身份帶領自己的作戰團隊展開豐富多彩的冒險生涯。（圖 2-32）

Frostbite Engine 所採用的是 Havok 物理引擎中的 Destruction 3.0 系統，應用此系統後使 Frostbite Engine 在諸多遊戲物理引擎的部分達到了世界頂級水準。此系統支援動態破壞效果，即存在於場景中的任何物件都可以透過系統即時演算渲染產生破壞，大幅度增加了遊戲玩家破壞性的釋放，引擎支援率達到 100%，這意味著即使一片樹葉也可以被子彈打碎。

Frostbite Engine 系列與 CryEngine 各有特色，不分伯仲。CryEngine 更多地支持高分辨率、高細節的表現，同樣 CryEngine 會耗費更多的平台資源，以及降低電腦的運算速度。Frostbite Engine 相對於 CryEngine 對平台的性能要求較低。雖然 Frostbite Engine 系列在場景畫面細節表現上相對 CryEngine 較低，但在同類引擎中還是獨佔鰲頭，透過場景優化等手段畫面效果也可以接近 CryEngine。

圖 2-31 寒霜引擎　　　　　　　　　　　　　　圖 2-32《戰地風雲：惡名昭》

3. Gamebryo 遊戲引擎

開放構架的 Gamebryo 是一個靈活且支持跨平台創作的遊戲引擎，在創作各式各樣的遊戲類型中，Gamebryo 遊戲引擎都可以提供強大、合理的開發工具。例如：角色扮演遊戲或第一人稱射擊類遊戲、一款小型休閒遊戲或養殖類遊戲，無論在 PC、Playstation 3、Wii 上，還是在 Xbox360 遊戲平台上運行，都可制定和創作出畫面感與遊戲機制獨一無二的遊戲，其中《異塵餘生 3》遊戲的製作就採用了 Gamebryo 遊戲引擎。（圖 2-33、圖 2-34）

Gamebryo 遊戲引擎設計的核心是適應多種類型遊戲的靈活性。在整體構架上 Gamebryo 遊戲引擎使用模組化管理，透過不同種類遊戲的需求選擇不同的工作模組，或者遊戲公司根據自己的需求得到原始程式碼的授權後自主開發新的模組載入在 Gamebryo 遊戲引擎內。模組化最大的優點是利於組合與優化，並且 Gamebryo 遊戲引擎內的程式庫允許開發者在不需修改原始程式碼的情況下做最大限度的個性化定制。

動畫整合功能是 Gamebryo 遊戲引擎的特色，透過 DCC 工具匯出的動畫數值在 Gamebryo 遊戲引擎中幾乎可以完全自動處理，大幅度減少了遊戲編輯的工作量。Gamebryo 的 Animation Tool 工具可以使用類似於非線性編輯的方式混合各種各樣的動畫序列，創造出具有行業風格的產品，在強大的動畫整合能力的基礎上配合 Gamebryo 遊戲引擎的渲染及特技效果功能幾乎能創建任何一種風格的遊戲。（圖 2-35）

Gamebryo 遊戲引擎提供了一套全面的演示程式，便於新版本、新功能的教學。Gamebryo 一直以較好的售後服務作為對引擎的強力支援，商品化等級模式的應用可以使每個遊戲開發者在使用引擎的過程中得到技術支援，為中小型團隊的遊戲開發提供了有力的技術保障。（圖 2-36）

圖 2-33 Gamebryo 遊戲引擎

圖 2-34《異塵餘生 3》

圖 2-35 使用 Gamebryo 遊戲引擎開發的遊戲《源火》

圖 2-36 使用 Gamebryo 遊戲引擎開發的遊戲《穿越火線》

簡易的操作方式以及高效的特性，使得 Gamebryo 遊戲引擎在單機遊戲上獲得了較大的收益，同時在網路遊戲開發上的靈活性也顯露頭角，完善的教學視頻與可靠的技術保障使更多的網路遊戲開發者加入 Gamebryo 的隊伍。快速的更新使 Gamebryo 遊戲引擎一直保持著較為旺盛的生命力。

4. Source 遊戲引擎

Source 遊戲引擎又稱"起源"引擎，是著名的第一人稱射擊遊戲《半條命 2》所使用的遊戲引擎，由 Valve 軟體公司開發。Source 同樣是一款次世代遊戲引擎。其功能的完整性、程式的相容性、操作的靈活性使其成為遊戲引擎中的佼佼者。Source 遊戲引擎可以定義為整合引擎。Source 遊戲引擎可以為開發者提供從物理類比、畫面渲染到伺服器管理以及用戶界面設計等所有遊戲開發需要使用的功能。（圖 2-37）

Source 遊戲引擎提供的動畫、渲染、聲效、抗鋸齒、介面、網路、美工創意和物理類比方面的支援，使遊戲的開發相容性大幅度提高。（圖 2-38）

Source 遊戲引擎數碼肌肉的應用使遊戲中人物的動作神情更為逼真，三維場景的呈現部分的"地圖盒子"功能可以讓地圖外的空間展示為類似於 3D 製作的效果，而不是傳統的平面貼圖方式。這樣的創新使地圖的縱深感得到加強，並且可以使遠處的景物展示在玩家面前。Source 的物理引擎類比部分同樣基於 Havok 引擎，與其他遊戲引擎做法不同的是，Source 對 Havok 引擎進行了大量的編碼改寫，在原有編碼的基礎上增添了遊戲交互體驗，大幅度減少了系統資源的耗費。（圖 2-39）

Source 的肌肉引擎在每個人物的臉部添加了 42 塊"數位肌肉"來實現情緒表達功能。數位肌肉的使用使嘴唇翕動這樣的細節也可以表現得淋漓盡致。由於其語言系統相對獨立，在編碼檔的輔助下根據人物所說話語的不同，嘴巴的形狀也有所不同。Source 的肌肉引擎可以讓遊戲中的人物模擬和表達情感。

圖 2-37 Source 遊戲引擎

圖 2-38《戰慄時空 2》　　　　　　圖 2-39《戰慄時空 2》

5. BigWorld 遊戲引擎

單機遊戲引擎為現在主流的遊戲引擎,這類遊戲引擎具有一定的局限性,而 BigWorld 遊戲引擎中 MMO Technology Suite 針對其他遊戲引擎不能直接對應網路或多人互動的問題制定了一套完整的技術解決方案,這一方案無縫集成了專為快速高效開發 MMOG 而設計的高性 能伺服器應用軟體、工具集、高級 3D 用戶端和應用程式設計介面(APIs)。(圖 2-40)

BigWorld 遊戲引擎是目前世界上唯一一套完整的伺服器用戶端,《魔獸世界》(圖 2-41)為使用 BigWorld 遊戲引擎的代表作品。BigWorld 遊戲引擎由伺服器軟體、內容創建 工具、3D 用戶端引擎、伺服器端即時管理工具組成,其組成形式使遊戲產品的製作更加便 捷,在研發時期避免了不必要的風險。

BigWorld 遊戲引擎作為一款網游代表類型的遊戲引擎,其主要的特點是以網游的服務端 以及用戶端之間的性能平衡為重心。

BigWorld 遊戲引擎構架完整,靈活性強,玩家在遊戲體驗的過程中,伺服器端的系統會 根據玩家的不同需求,在不影響玩家完成任務的情況下重新動態分配各個伺服器單元的作業 負載流程,避免了遊戲的停頓。(圖 2-42)

遊戲場景空間內的構建可透過遊戲引擎中的搭建工具快速實現世界的編輯、模型的編輯以及粒子的編輯,可以在減少重複操作的情況下有效地創建出高品質的遊戲空間環境。

在傳統 BigWorld 遊戲引擎的基礎上更新為 BigWorld2.0,其在伺服器端、用戶端以及編 輯器等的性能上都有顯著的提升。在原有伺服器端上增加支援 64 位元作業系統,以及和更多的 協力廠商軟體進行整合,在增強了動態負載均衡和容錯技術的同時增強了伺服器的穩定性、客 戶端內嵌 WEB 流覽器,遊戲中任意顯示網頁等技術,使用戶群體能夠更加便捷地使用核心功 能。在編輯器方面則增加了強化景深、加強局部對比、支援顏色/色調映射、非真實效果、卡 通風格邊緣、馬賽克、發光的效果、夜視模擬等一系列特效的表現。

圖 2-40 BigWorld 遊戲引擎

圖 2-41 《魔獸世界》

圖 2-42 《獵國》

6. Unity 遊戲引擎

　　Unity 遊戲引擎是由 Unity Technologies 開發的一款多平台的綜合型遊戲開發工具，是一個全面整合的專業性遊戲引擎。Unity 遊戲引擎可以讓玩家輕鬆創建諸如三維視頻遊戲、建築視覺化、即時三維動畫等類型互動內容。早在 2012 年 Unity 遊戲引擎的全球使用者已經超過 150 萬，如今全新版本的 Unity 遊戲引擎已經能夠支援包括 MAC OS X、Android、iOS、 Windows 在內的多個平台發佈。Unity 遊戲引擎的主要功能包括綜合編輯器和對 OpenGL ES 2.0 的高度優化，其中綜合編輯器支持單一專案的多平台相容，平台之間的轉化採用一鍵式操 作，開發者可以方便地將 iOS 遊戲移植到 Android 平台，非常方便快捷。（圖 2-43）

　　Unity 遊戲引擎還擁有 DirectX 和 OpenGL 高度優化的圖形渲染管道，即時三維圖形混合 音訊流、視頻流、支援 JavaScript、C#、Boo 三種指令碼語言等優勢。加之以綜合編輯器的優勢資源，玩家可以透過 Unity 遊戲引擎簡單的使用者介面完成相關操作，這些都為玩家節省了大量的時間。

圖 2-43 Unity 遊戲引擎

　　《神廟逃亡 2》就是一款典型的運用 Unity 遊戲引擎開發的跑酷類遊戲。該遊戲放棄了原本的 3D 引擎，轉向使用更強大的 Unity 遊戲引擎。該遊戲充分發揮了 Unity 遊戲引擎著色器系統易用性、靈活性和高性能，以及對 DirectX 和 OpenGL 擁有高度優化的圖形渲染管道的優 勢。與《神廟逃亡 1》相比，《神廟逃亡 2》不僅畫面的品質有明顯提高，而且在色彩的渲染 上也有很大進步，著重表現在人物的刻畫和場景的細膩程度上，其細膩程度基本上代表了跑 酷遊戲的較高水準。畫面著色明顯鮮亮了許多，玩家能夠清晰地看到畫面中的各個角落。總 的來說，遊戲畫面得到了全方位的升級，使玩家得到較好的遊戲體驗。

　　《神廟逃亡 2》中還運用了 Unity 內置 NVIDIA PhysX 物理引擎，在遊戲物理特效處理方面有卓越的貢獻，帶給玩家完美的互動體驗。例如遊戲中跑酷機器人翻過古廟圍牆，爬上懸崖峭壁、滑索和軌道，揮擊轉彎、跳躍、滑動、傾斜地控制躲過障礙物等互動體驗，讓玩家感覺非常真實。（圖 2-44）

　　Unity 遊戲引擎的各種優勢資源大大減少了其開發的時間和成本，讓開發者可以把更多的 精力投入遊戲開發和 3D 互動內容當中。Unity 遊戲引擎所擁有的全部就是其獨特可用的技術。該技術強調特性和功能上的相互作用 ，從操作者的角度加以考慮，從而滿足操作需求。

圖 2-44 《神廟逃亡 2》

7. Unreal 遊戲引擎

　　Unreal 即 Unreal Engine 的簡寫，又稱虛幻引擎，是全球領先的遊戲開發商和引擎研發商 Epic 推出的一款強大的核心產品，為第一人稱射擊類遊戲所設計，主要用於次世代網游開發。

　　1998 年 Unreal Engine 誕生，誕生之初就以當時精美的畫面震撼了整個遊戲開發行業。隨著 Unreal 2 的推出，技術不斷進步，Epic 公司成為技術的領頭羊，繼而推出 Unreal 3，奠定了 Unreal 不可動搖的地位。（圖 2-45）

　　Unreal 作為一款成熟的商業引擎，其以出色的表現和強大的功能征服著遊戲開發行業，早期的 PC 平台遊戲《彩虹六號》和 Xbox360 平台遊戲《戰爭機器》，直接展現了 Unreal 引擎的獨特魅力。不少現實中的場景都被真實地還原出來，這種效果給玩家帶來更加真實的遊戲體驗。

　　Unreal 3 採用了目前最新的即時光跡追蹤、HDR 光照、虛擬位移等技術，每秒可以實時運算兩億個多邊形，其工作效能是 Unreal1 的 100 倍之多。只需將現在較為普通的 NVIDIA GeForce6800 顯卡與 Unreal3 進行搭配，就可以即時運算出電影 CG 等級的遊戲畫面。許多 遊戲都運用了 Unreal 3 遊戲引擎，如《戰爭機器》《品質效應》《藍龍》等，這幾款遊戲的 畫面效果與場景交互有了大幅度的提升。

　　Xbox360 平台遊戲《戰爭機器》使用 Unreal3，搭配上 Xbox360 主機的硬體，遊戲整合 了新一代 3D 圖形處理晶片的高級圖形處理能力，以及 AGEIA 提供的物理模擬技術，可以說其 所呈現的畫面效果以及互動性是目前頂級的，將 Unreal3 遊戲引擎的能力完全發揮了出來，遊 戲畫面視覺效果非常震撼。（圖 2-46）

圖 2-45 Unreal 遊戲引擎　　　　　圖 2-46 《戰爭機器》

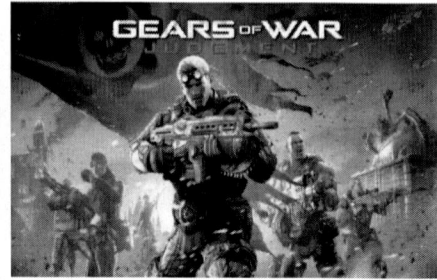

2.3.6 引擎的二次開發

遊戲引擎是承載一款遊戲的核心部件，為遊戲研發提供了最基礎的功能和程式介面。單獨使用一個遊戲引擎是無法完整地將一款遊戲製作出來的。為了適應不同的遊戲類型的具體操作以及表現，內容引擎需要二次開發。二次開發是根據遊戲策劃、關卡設計需求等內容，具有針對性地開發部分內容或者開發出全新的模組，同時也包括刪減不必要的功能以減少系統資源的消耗。

遊戲引擎的二次開發是大量精力與物力的投入過程，遊戲引擎的二次開發往往會在基礎功能關卡設計結束後開始進行驗證與討論並最終實施。

教學導引

小結：

本章著重講述遊戲關卡設計所需要的功能關卡以及視覺關卡的相關知識，在功能關卡部分，應該著重瞭解關卡劇情的敘述以及關卡與關卡之間的銜接，並能夠運用關卡設計的相關知識設計出一個較為簡單的功能關卡與視覺關卡。本章引入遊戲編輯器的概念以及功能，瞭解遊戲編輯器是遊戲關卡設計的硬體基礎，能夠全面地瞭解相關遊戲編輯器是製作出好關卡的前提。遊戲編輯器的具體開發步驟在本章中並沒有著重描述，本章只對其概念以及功能進行簡要介紹。學生需透過學習一些專業的軟體書籍後，再進一步學習。

課後練習：

1. 運用關卡設計中功能關卡的相關知識點，繪製一款動作類遊戲中任意關卡的功能關卡示意圖，同時描述出各個區域將會發生的事件。（功能關卡示意圖的繪製盡可能詳細）

2. 選取本章提出的主流遊戲引擎中的一款為遊戲的基本框架，設計一個具有相關引擎特點的遊戲關卡。（遊戲中某一簡單關卡的功能圖表以及概念圖）

3

第三章
遊戲關卡設計的流程

遊戲關卡前期策劃與製作
遊戲關卡中期製作階段
遊戲關卡後期測試階段

重點：

　　本章著重講述遊戲關卡製作的具體實施步驟，並對遊戲關卡設計的構成要素進行分點講解，具體分析遊戲美術關卡從前期策劃到實施的整個工作流程以及相關工作特點。

　　透過本章的學習，學生能夠清晰地瞭解遊戲關卡的製作流程，能分析出市場上已經在運作的遊戲的關卡製作部分的流程劃分。

難點：

　　正確認識遊戲關卡圖表對遊戲關卡製作的意義；透過具體的案例分析，客觀深入地瞭解遊戲關卡設計流程在整個遊戲製作過程中的作用，並能針對任意一款遊戲製訂出相應的遊戲關卡設計方案及流程。

3.1 遊戲關卡前期策劃與製作

　　一款遊戲關卡的成功不是僅靠關卡設計師的高超技藝與創作理念就能實現的，它必須經歷產品準備、總體規劃、確定主題、開發設計、定義視覺效果、演示核心玩法、整合美術/音效的效果、最終測試等過程。因此遊戲關卡製作是一個系統的工程，關卡設計師必須從遊戲世界的大座標中找到遊戲關卡的準確位置，而確立遊戲世界觀的內容就顯得十分重要，遊戲世界觀作為前期遊戲製作的概念核心，它的確立為後續遊戲關卡設計的目的、主題的設定、節點的位置等一系列問題提出總綱領。這都是在進行遊戲關卡製作之前就應該解決的問題。（圖 3-1）

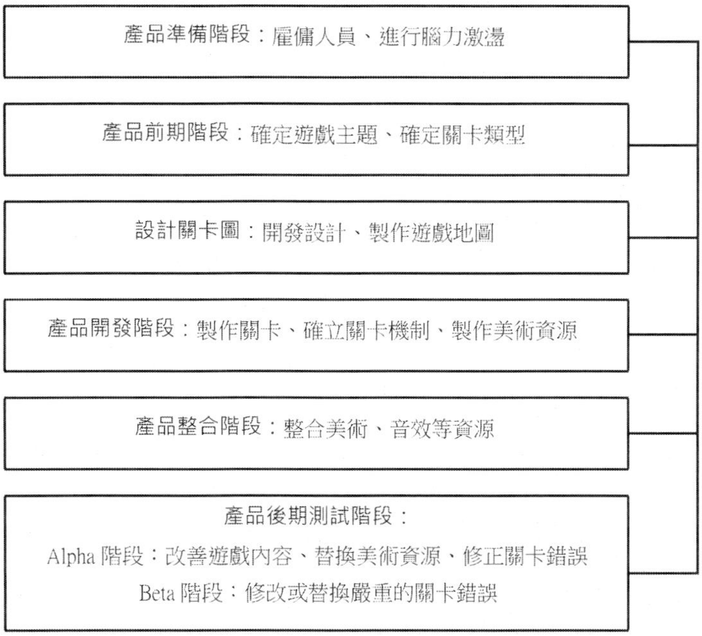

```
┌─────────────────────────────────────────┐
│  產品準備階段：雇傭人員、進行腦力激盪      │
└─────────────────────────────────────────┘
┌─────────────────────────────────────────┐
│  產品前期階段：確定遊戲主題、確定關卡類型  │
└─────────────────────────────────────────┘
┌─────────────────────────────────────────┐
│  設計關卡圖：開發設計、製作遊戲地圖        │
└─────────────────────────────────────────┘
┌─────────────────────────────────────────┐
│  產品開發階段：製作關卡、確立關卡機制、   │
│  製作美術資源                             │
└─────────────────────────────────────────┘
┌─────────────────────────────────────────┐
│  產品整合階段：整合美術、音效等資源        │
└─────────────────────────────────────────┘
┌─────────────────────────────────────────┐
│  產品後期測試階段：                        │
│  Alpha 階段：改善遊戲內容、替換美術資源、 │
│  修正關卡錯誤                              │
│  Beta 階段：修改或替換嚴重的關卡錯誤       │
└─────────────────────────────────────────┘
```

圖 3-1 關卡設計流程圖

現今遊戲關卡設計向集體配合創作的趨勢發展，一般由團隊協作完成。透過團隊合作的工作方式，明確遊戲關卡設計的流程，是設計出高品質遊戲關卡的重要保證。

3.1.1 前期策劃

確立遊戲的世界觀是遊戲前期策劃的主要任務。遊戲開發者在一個初步的想法的基礎上不斷地添加細節描述，使其豐滿並記錄在案，最終以文案的形式呈現出遊戲的輪廓和概要，形成遊戲設計的初步藍圖，關卡設計師再以此為後續工作開展的綱領性檔，對遊戲關卡設計做前期的策劃準備。其具體準備內容如下：

1. 明確遊戲類型及設計方向

明確遊戲類型以及展開方式是關卡設計的前提。遊戲類型的明確，有利於遊戲關卡設計師把握關卡劇情、佈局與預判關卡之間的節點。透過確立遊戲類型和設計方向，使關卡設計師對遊戲關卡整體設計有一定的瞭解，按照遊戲劇情的展開方式、遊戲機制、核心構架、關卡內容設置等環節的考量進一步明晰關卡設計方向，以確保遊戲世界觀在遊戲關卡製作中得到全方位體現。

2. 收集優秀的遊戲關卡範本

遊戲關卡設計範本的收集是關卡設計的參考依據。優秀的遊戲關卡範本更有利於關卡設計師尋找設計靈感，關卡設計師透過借鑒大量的優秀遊戲關卡中的設計項目，為創作更優秀的關卡打下堅實的基礎。近年來遊戲智慧財產權糾紛逐年增多，設計師要嚴格把控借鑒與抄襲之間的尺度。

3. 確立關卡類型

關卡類型的確立對關卡製作具有重要的意義。任何一款遊戲都是由多個關卡共同組成的，其中每一個關卡裡面分佈著無數的子關卡，不同類型的遊戲對關卡內部結構的要求截然不同。如角色扮演類系列遊戲《軒轅劍》（圖 3-2）更注重情節展開的節奏與玩家獲得新技能的頻率關係；即時戰略類系列遊戲《紅色警戒》（圖 3-3）更注重關卡中資源的合理分配與遊戲地形對各玩家的利弊關係；經營類系列遊戲《模擬城市》（圖 3-4）更注重不同類別物品之間的邏輯關係以及分配比例；而動作遊戲更注重動作的節奏。遊戲中的障礙和玩家技能都是為遊戲者帶來愉快體驗的重要工具。遊戲中的大部分關卡都是依據遊戲前期所制訂的高度概括化的遊戲綱領來進行設計的，在同類遊戲中關卡類型大體相同，怎樣才能在同類遊戲中脫穎而出是在遊戲關卡設計過程中需重點把握的問題。

圖 3-2《軒轅劍》

圖 3-3《紅色警戒》

4. 確定遊戲玩法與遊戲規則

在明確了關卡總體目標和具體限制後,關卡設計人員開始進入集體討論階段,就遊戲的內容、遊戲的相關玩法、關卡節點的位置、關卡主線任務與子線任務的分配、關卡的亮點與盈利點等問題進行討論。遊戲玩法以及規則作為遊戲關卡設計的重要框架,其對關卡設計有一定的制約作用,以防後期關卡結構出現故障,在一定程度上節約了遊戲關卡設計的修改成本。

5. 制定具體關卡內容

遊戲玩法和遊戲規則制訂完成之後,關卡設計就進入了具體內容的制訂階段。關卡內容的制訂包括每一處場景的設置、每一個道具的擺放、每一個任務的佈置與玩家投入時間等玩家。例如:某個關卡一般玩家要花費多長時間;玩家在進行主線任務時,是否會感到疲勞;玩家在進行支線任務時,所獲得的附加價值等具體內容。(圖 3-5)

圖 3-4《模擬城市》

圖 3-5《暗黑破壞神 3》

3.1.2 設計表現

1. 明確遊戲美術類型及方向

遊戲美術設計風格的走向由其主要的受眾群體決定，遊戲的美術風格決定著受眾的特點。

《英雄聯盟》（圖 3-6）中 Q 版的造型風格更容易引起女性玩家的注意，《星際爭霸》（圖 3-7）寫實科幻的風格會吸引更多的男性玩家。雖然同類型遊戲《英雄聯盟》與 DOTA 2（圖 3-8）的玩法幾乎相同，但是二者的玩家類型卻完全不同。遊戲美術風格類型的準確定位 對遊戲關卡設計發揮決定性的作用，它是由前期策劃人員和關卡設計師共同制定的，在遊戲 設計的初期就已開始著手。

2. 收集優秀的遊戲關卡美術範本

收集優秀的遊戲關卡美術範本，有利於展開地圖的視覺設計，主要收集的內容有關卡大小、關卡構圖、主要任務區域的設置以及支線任務的分佈情況等。例如，《英雄無敵》（圖 3-9）遊戲的地圖編輯無論從關卡設計到地圖畫面，還是到整體佈局都達到了極致，這是諸多遊戲關卡設計較好的參考標準。

3. 製作遊戲關卡地圖

按照正確的邏輯順序製作關卡地圖會更有利於遊戲關卡的創建。製作關卡地圖的順序依次為任務目標、情節展開、情節結束地點，或目標、敵人性質及敵人的運動軌跡、邊界界定、地形基礎構架、地形功能區域劃分、路徑鋪設、環境營造、區域環境營造、道具位置、地圖驗證等。使用從整體到局部的思路編輯關卡可以提高製作關卡地圖的工作效率，使遊戲地圖的創建達到事半功倍的效果。（圖 3-10）

4. 分析驗證地圖

分析驗證地圖是關卡設計表現中不可缺少的環節。任何一個地圖關卡，其最終的目的都是為了使遊戲數值更為平衡、穩定，遊戲節奏更為順暢，避免遊戲關卡出現硬傷，如有些地點玩家無法到達，有些怪物過於強大等。

圖 3-6《英雄聯盟》

圖 3-7《星際爭霸》

圖 3-8 DOTA2

圖 3-9《英雄無敵》地圖編輯器

5. 制訂具體關卡裝飾物

關卡的裝飾物對於一個關卡的可玩性並不會造成太大的影響，但對於整個遊戲場景氛圍的營造卻發揮決定性作用。如果在一條馬路邊鋪滿鮮花，玩家在走入場景的過程中就會感到勝利與希望，裝飾物可以很好地緩解玩家在某一時間段停留在一個較大場景中所產生的疲勞感，它還對劇情的發展起一定的引導作用。

圖 3-11 是遊戲《魔獸爭霸》的一幅即時戰略地圖，為了保障雙方的公平性，此地圖採用的是對稱模式，以地圖中心的加血點作為關卡設計的核心點，誰先佔據這個點，誰就可以先發制人。但是，完全對稱的設計容易使玩家感到疲勞，所以關卡設計時，在大致遵循相對對稱原則的同時應做到有所區分。從整個地圖的結構分析，左邊玩家的起始地點更具有進攻優勢，右邊的玩家更具有防守優勢，這就是在關卡設計中如何透過一些細小的差別設計而帶來相對平衡的例子。

遊戲關卡中功能關卡的設計可透過繪製關卡示意圖來表現。在遊戲設計的初期，就已確立了遊戲關卡的設計方向，但在此階段中遊戲的大部分概念還沒有受到外部因素的具體制約。遊戲關卡示意圖就是遊戲關卡元素構成的藍圖，它詳細地描述了遊戲關卡的內容、關卡與關卡之間的連通方式以及劇情和關卡節點的設置。關卡示意圖囊括了高度概念化的遊戲說明，同時把每個關卡分成單獨的部分，以平衡每個關卡之間的節奏，控制遊戲的進度，甚至是遊戲的故事背景和任務對話。這些關卡示意圖可以幫助關卡設計人員安排遊戲中敵人的位置，以及設置在特定地點要發生的特殊事件等。

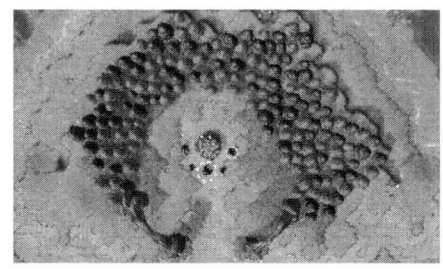

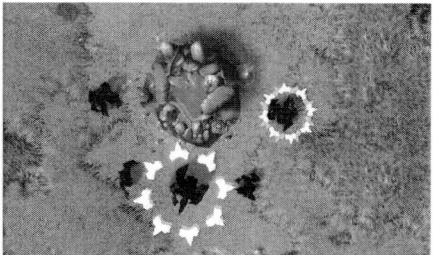

圖 3-10《魔獸爭霸》關卡地圖

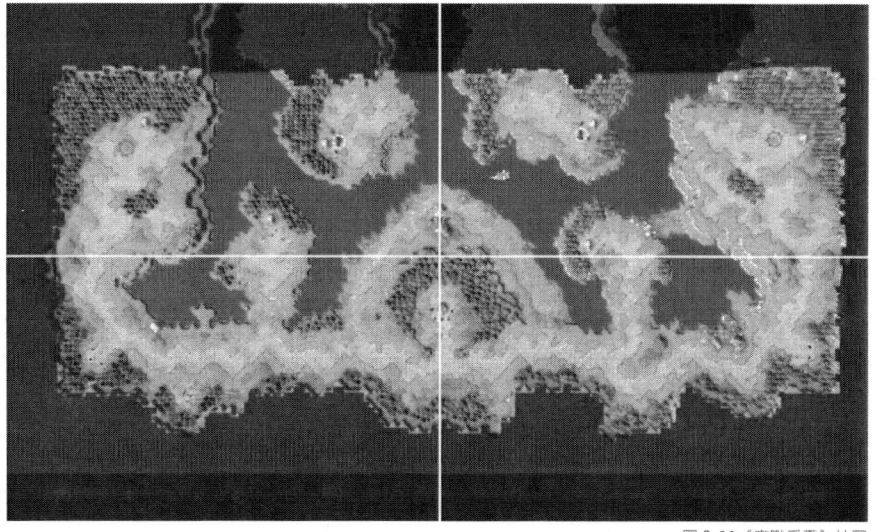

圖 3-11《魔獸爭霸》地圖

3.1.3 遊戲世界的整合

任何一款遊戲都由多個關卡共同組合而成。有些遊戲世界的整合遵循故事情節的發展脈絡，有些則按照關卡難度的高低進行有序、有節奏的安排。關卡整體遵循由易到難、由簡單到複雜的過程。

《憤怒鳥》遊戲關卡在難度節奏上把握得非常到位。遊戲的每一個關卡雖是絕對獨立的，但關卡的難度進階卻呈現得非常完美。儘管該遊戲只含有 50 個關卡，卻依然能帶給玩家無窮的樂趣。（圖 3-12）

透過遊戲的前期策劃，對關卡設計師設計遊戲關卡的想法進行評估，最終確立遊戲世界關卡大綱，並利用最便捷的關卡示意圖進行表達。關卡示意圖是對整個遊戲世界發展的說明，也可稱之為關卡任務流程圖。如圖 3-13 所示，用圖表的方式呈現了關卡任務流程圖，標明了遊戲中所有關卡的位置，明確了遊戲關卡之間的聯繫以及玩家體驗遊戲關卡的順序。

（該關卡示意圖使用簡單而抽象的圖表來顯示各個關卡之間的聯繫，而這些圖表的內容則表示玩家所體驗關卡和所需完成的任務）

在遊戲關卡設計的過程中，關卡設計師經常與遊戲策劃師進行討論，並以該示意圖為設計依據，合理分配每個關卡在遊戲中所占的比例。

圖 3-12 《憤怒的小鳥》

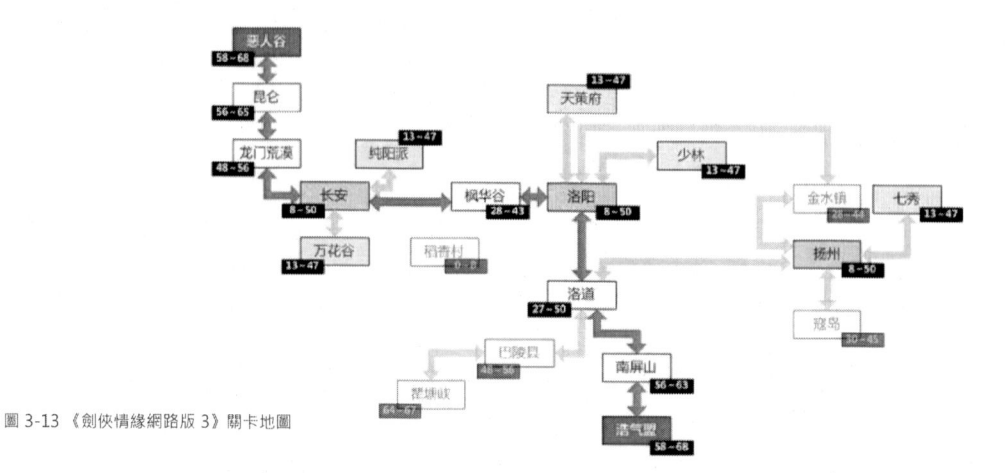

圖 3-13 《劍俠情緣網路版 3》關卡地圖

3.1.4 關卡的主要類型

1. 標準關卡

基礎關卡構成遊戲的整體框架,而基礎關卡則由標準關卡構成。標準關卡貫穿整個遊戲的始末,玩家始終能在標準關卡中體驗到遊戲的機制與節奏。

標準關卡是遊戲關卡的主要組成部分,也是遊戲情節展開的必然體驗部分,關卡設計師通常優先設計標準關卡部分。

2. 關卡節點

關卡節點作為遊戲關卡之間的連接點,就如遊戲地圖中的傳輸門一樣,當玩家想返回前一關卡時,樞紐區就作為關卡與關卡之間的傳輸門,為玩家提供可隨時調換關卡的條件。並非所有的遊戲都需要關卡節點,關卡節點更多出現在角色扮演遊戲當中。

關卡節點的形式也多種多樣。和其他關卡的遊戲方式不同,在一個包含大量格鬥的遊戲中,玩家可以指定某塊安全區作為樞紐區域,在樞紐區域中玩家的生命不會遭受任何的威脅。在遊戲《暗黑破壞神 3》(圖 3-14)中,玩家可在"關卡節點"直接返回主基地進行各種操作,並且還可以迅速返回任何一關的節點。

樞紐區域的複雜情況視整體關卡結構而定,作為一名優秀的關卡設計師,在進行遊戲關卡設計時,要以玩家能夠有效使用樞紐區域為前提,使玩家達到最終目的,同時體驗到其中的樂趣。

關卡節點的設置不僅可以有效降低遊戲的緊張感,還可以增加遊戲的可玩性。過多的關卡節點會破壞遊戲的節奏,過少的關卡節點會增加玩家遊戲的緊張感,每個關卡節點出現的時間大致在遊戲順利進行 10~20 分鐘之間,並且出現的位置最好是一個故事情節的轉捩點。

圖 3-14《暗黑破壞神 3》

3. BOSS 關卡

BOSS 關卡又稱挑戰關卡。玩家打怪獸作為整個挑戰關卡的主線任務。一般遊戲中怪獸關卡較小，內容較少，多為單獨場景，有部分裝飾物作為控制遊戲節奏的道具。BOSS 關卡的設計主要依據前期規劃的 BOSS 攻擊方式展開，BOSS 關卡的設計流程區別於標準關卡，BOSS 關卡的整體氣氛較標準關卡更為緊張、激烈，甚至會在遊戲機制上與標準關卡有一定的區別。

例如，《惡魔獵人 4》中的 BOSS 關卡都是較為單獨的關卡，BOSS 關卡裡的怪獸無論從 體積上還是體能上都會強於其他關卡的怪獸，並且 BOSS 關卡的怪獸具有特殊的技能。在 BOSS 關卡中玩家的操作密度很高，一般整個戰鬥應控制在 10 分鐘之內，如果超過 10 分鐘， 就應當設置足夠的空間讓玩家躲避或者暫時逃離，否則過強的節奏會給玩家帶來心理壓力。

4. 副本關卡

副本關卡是一種特殊的關卡設計方式， 副本關卡設計最主要的目的並非是讓遊戲變得更為有趣，而是為了延長遊戲的生命力。在一款主線任務全部完成的遊戲中，為了保持遊戲的生命力，開發商經常會不定期地加入副本關卡。《魔獸世界》（圖 3-16）巧妙地運用副本關卡維持遊戲的生命週期長達十年之久，並且還在一直更新。

為了保證副本關卡存在的價值，一般在副本關卡中會出現特殊物品或者較為高級的成套裝備，這樣才足以讓玩家對副本關卡產生濃厚的興趣。例如，《暗黑破壞神 2》第五幕（ACTV）中的一個固定關卡，在第五幕完成第三個任務後，安雅會開啟一個通往尼拉塞克神殿的紅門，此地圖後面有一個建築，特殊怪物 "暴躁外皮" 就在裡面，因為每殺死一次該怪物都會產生較好的裝備，所以這個怪獸也就變成了最為悲劇的角色，一般的玩家要殺死它 30~50 次，也有部分執著的玩家會殺死它上百次。在《暗黑破壞神 2》時代，怪獸每次被殺 死都要先退出然後再重新進入遊戲，才可以復活。但玩家仍樂此不疲，這是一個意外，也是 一個較好的副本關卡設計的參考案例（圖 3-17）。

關卡設計師透過對玩家在挑戰關卡中所迎接挑戰的物件進行分析，按照不同類型的遊戲節奏與生命週期加入適當的副本關卡，可以使玩家投入大量時間到遊戲中去。

5. 關卡反覆

任何一個關卡都不可能盡善盡美，在關卡設計的過程中，可以採用反覆運算升級的方式完善關卡。

功能的反覆運算是為了延長遊戲的生命力，主要體現在固定關卡形式的遊戲中。尤其體現在 即時戰略遊戲中，如《魔獸爭霸》遊戲即時對戰模式的不斷更新升級就是一個典型的遊戲迭 代的例子，一方面調整了遊戲的平衡性，另一方面也增加了遊戲的吸引力（圖 3-18）。

正確使用關卡反覆運算可以有效地延長遊戲的生命週期，遊戲的生命週期越長，商家就會獲 得更多的利潤。

圖 3-15《惡魔獵人 4》　　圖 3-16《魔獸世界》

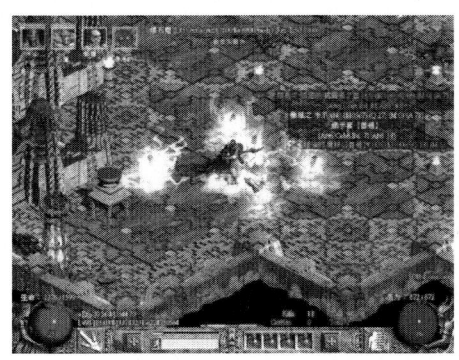

圖 3-17《暗黑破壞神 2》　　　　　　　　　　　　　　　圖 3-18《魔獸爭霸》

3.2 遊戲關卡中期製作階段

遊戲關卡的中期製作階段即完成遊戲世界的高度概念化階段，準備好遊戲關卡設計示意圖，明確遊戲美術風格並完成遊戲引擎的二次開發。此時，團隊成員開始依據遊戲關卡示意圖來為遊戲關卡填充內容和功能。

依據遊戲世界觀和關卡示意圖，關卡設計師開始創建關卡。初期的遊戲關卡根據關卡示意圖被很快地搭建起來，它可以評估關卡中應包含的各項基本內容。一旦關卡的可行性得到驗證，就可以對其進行美術加工，融合美術風格並添加各種元素，真正使它完善起來。

3.2.1 演示核心玩法

玩法規則代表著玩家體驗遊戲的方式，如玩家在進行遊戲體驗時透過操控遊戲中的一支軍隊來襲擊另一支軍隊，或控制一個角色在遊戲中尋找道具等。每一個遊戲都有自己獨一無二的玩法規則。

遊戲關卡設計師在遊戲產品開發階段的首要目標就是創建一個原型關卡，使其功能能滿足基本的遊戲核心玩法和規則。遊戲關卡設計師必須集中精力開發出一個完成度較高的關卡，隨後遊戲內容的開發也以此為原型進行擴充和細化。以原型關卡為遊戲關卡的縮影，用以演示遊戲的技能、美術風格和創新設計。遊戲關卡的核心玩法也將隨著原型關卡的製作不斷完善。

遊戲關卡設計師和遊戲專案負責人要審查所有的設計文檔和遊戲功能關卡，從中選取一個合適的關卡作為遊戲的原型演示；同時專案組會制定一個工作任務表和時間表，然後調動所有的團隊成員參與到製作中；美術設計人員開始為關卡所需的角色和場景建模、貼圖和制作動畫；程式人員則負責實現該關卡所需的特色功能和玩法，使關卡運行起來；策劃組則開始構建關卡的具體模型。

負責制作原型關卡的關卡設計師以關卡示意圖為基礎構建關卡的具體模型。此時的模型完成度較低，只需透過用簡單的幾何模型對遊戲關卡的場景做一個抽象化的模擬。

原型關卡中的美術圖形只是臨時放置的白盒（替代品），最後會用物件進行替換。例如，解謎、腳本事件或是某些特殊的功能都不會出現在原型關卡裡，但是關卡設計師需要為這些功能留下擴充的餘地，以便將來對其進行追加（圖 3-19）。

在創建關卡範本的時候，樓梯可以用簡單的斜坡走道代替，這樣可以節省大量的時間，以便讓關卡設計師將注意力集中在關卡設計，而不是具體的美術細節上。

在原型關卡製作完成後，則需進行初步的測試並獲取回饋。初期的測試通常在遊戲團隊內部或是公司內部進行。大多數情況下，團隊成員透過體驗關卡的測試版本提交修改意見。關卡設計師以玩家的角度來體驗遊戲，收集修改意見，瞭解關卡所存在的問題，隨後對遊戲關卡中的元素進行修改或調整，以此來改進關卡。修改的內容通常包括遊戲平衡性的修改和遊戲難度的調整。

當整個遊戲團隊對原型關卡的體驗以及玩法表示滿意後，遊戲關卡設計師以及程式人員將對原型關卡進行加工，使其完成度達到成品標準。

3.2.2 整合遊戲美術資源

遊戲的美術效果決定著玩家對遊戲的第一印象。任何一款遊戲，美術風格的確立在遊戲中都發揮至關重要的作用。遊戲中的任何圖像資源都是以同一風格為前提進行設計的。

美術人員為原型關卡創造了角色、場景、動畫以及特效，使整個遊戲關卡透過美術的包裝變得更加完整，更具表現力。

3.2.3 整合遊戲音效

遊戲中，音效作為烘托氣氛的重要元素在遊戲的體驗中發揮重要作用。

經過深思熟慮之後加入的音效能夠使玩家體會到其所要表達的情感，從而在遊戲體驗上達到事半功倍的效果。例如，《惡靈古堡》（圖 3-20）中喪屍發出的聲音作為一個需要搏鬥的信號，該聲音對玩家體驗上有一定的預警作用。在遊戲中某些關鍵時刻或是預示某事要發生的音樂也可提升玩家的興奮度。

遊戲中音效的製作通常由音效師完成，音效師和美術人員及關卡設計師等一起為原型關卡製作音效。音效製作的過程中，除一些特殊音效需要特製外，其餘音效可以用相同元素代替，以減少資源的浪費。音效設計師要在原型關卡模型製作前給設計團隊提供一批初步使用音效，這有助於為遊戲的剩餘部分建立一個音效標準，為後期關卡設計減少不必要的資源浪費。

遊戲關卡中基本每個元素都需要音效的輔助，其目的在於提高遊戲的豐富性及玩家的體驗感。遊戲背景中常運用環境音效和觸發音效。環境音效是指背景發出的聲音，如風聲、雨聲等；觸發音效則是指玩家在遊戲體驗時引發的聲音。

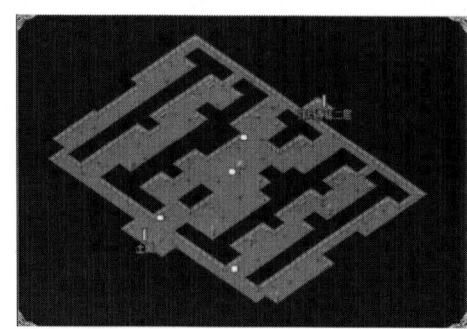

圖 3-19 關卡幾何模型　　　　　　　　圖 3-20《惡靈古堡》

音效作為遊戲關卡設計中最後加入的元素，在一定程度上對遊戲發揮修飾與渲染的作用。

3.3 遊戲關卡後期測試階段

關卡設計出來後，必須經過不斷地調節和測試，以達到最佳的效果。關卡設計師需針對遊戲的結構及可玩性進行反覆調節，時刻注意玩家在遊戲關卡中將要面對的事物，使用挑戰和休息等方式來調節遊戲的節奏和速度。關卡、怪物和其 AI 腳本（Script）透過遊戲引擎集成 後便可以進行更複雜的可玩性測試（Playtest）。

3.3.1 Alpha 階段

Alpha 階段即內測階段。在遊戲開發過程中，Alpha 版本意味著遊戲有完整的功能和流程，但這並不意味著遊戲本身或是所有的關卡都完成了。事實上，在 Alpha 階段仍然有大量 的工作要做。例如，加入一些美術資源和音效，以及解決很多會影響遊戲可玩性或是外觀的 bug。這個時候正是測試員或是品質控制部門（QA 部門）參與的關鍵時刻。

一旦遊戲進入 Alpha 階段，就要開始準備測試。管理 QA 團隊的測試主管，會為遊戲制訂 一個測試計畫。在這份計畫中，遊戲關卡會被分成幾小塊，然後分給測試員分頭進行深入測 試，檢測其中是否有 bug。測試員透過 bug 資料庫提交測試中發現的錯誤，開發團隊會修正與 他們工作相關的 bug。每修復一個嚴重的 bug，程式師們就會生成一個新的遊戲版本，然後測試團隊再對最新版本遊戲進行測試。通常關卡策劃人員會每天都要查看 bug 資料庫，有些還會 進資料庫去查看那些關卡優化部分的建議，這些建議有助於遊戲運行得更加順暢。場景優化包括：用面數更少的幾何體，減少貼圖的使用數量，甚至是去掉一些對遊戲可玩性沒有任何幫助的裝飾。

在 Alpha 階段，有的關卡可能需要加入更多的細節和裝飾物（這些裝飾性的元素可能完 全無用，但在關卡製作中卻經常用到），這些附加元素可以讓遊戲畫面更加精緻。因此，制 作人在 Alpha 階段必須為其設立期限，到了這個時間，美術人員就只能修改已經存在於遊戲中 的有關美術方面的 bug，而不能繼續追加新內容。這個時間點也標誌著遊戲已經從 Alpha 階段 進入了 Beta 階段。

3.3.2 Beta 階段

Beta 階段即公測階段。在軟體發展中，Beta 階段都是產品最接近成品的階段。正如上文提到的，遊戲中的資源（美術、音效、遊戲功能）都已完成，這些資源只能在修改 bug 時被直接替換。實質上，這個時候遊戲已經完成，但在最終成品出來之前，還有一些 bug 必須修正。並不是所有的 bug 都會延遲產品的發行。在遊戲裡，bug 通常被歸為 4 類：A 級 bug、B 級 bug、C 級 bug、D 級 bug。A 級 bug 會導致遊戲的中斷，是最嚴重的一類 bug，這類 bug 將導致遊戲不能發行。

A 級 bug 包括導致遊戲當機、功能完全不能運行的 bug，或是那些導致玩家無法完成遊戲的 bug。B 級 bug 與 A 級 bug 相比對遊戲的整體運營影響較小。

B 級 bug 包括遊戲玩法的問題，例如角色穿過模型，或者碰到看不到的障礙物等。

B 級 bug 會對玩家造成不好的遊戲體驗，會使玩家產生挫敗感。小部分的 B 級 bug 比較嚴重，會導致遊戲不能正常運行。

C 級 bug 的嚴重程度相對較低，通常是一些不會對遊戲玩法造成影響的圖形問題。這類問題造成的影響比較小，可能是物件貼圖錯誤，或是角色動畫錯誤。遊戲的發行很少會受到 C 級 bug 的影響。

D 級 bug，其實是對遊戲進行改進的意見。玩家在玩遊戲時可能會覺得某個敵人太難打，或是認為某個關卡如果能多一個存檔點會更好。測試員會將這類建議寫入 bug 資料庫中，並且將其列為 D 級 bug。大部分 D 級 bug 的優先度較低，開發團隊通常沒有過多的時間去理會。

很多的遊戲都在 Beta 階段被淘汰，如暴雪娛樂公司曾經耗時 7 年研發的網遊專案 "泰坦計畫"。在本書編輯的過程中由暴雪娛樂公司出品的《風暴英雄》還處於 Beta 階段。（圖 3-21）

圖 3-21《風暴英雄》

教學導引

小結：

本章針對遊戲關卡製作流程規範的主要內容進行了分節論述。透過本章的學習，學生可以全面掌握遊戲關卡製作前期策劃及設計流程的理論知識，對遊戲關卡設計流程的理論基礎與構成要素有深入的認識。

課後練習：

1. 收集目前市面上 1～2 款小型遊戲，按照遊戲關卡設計流程中時間段的分類，將遊戲關卡拆分為前期策劃中的關卡示意圖、中期原型關卡的關卡圖形和後期成品關卡。

2. 簡單策劃一款即時戰略遊戲的關卡設計流程實施方案（含進度規劃），並根據要求繪製遊戲世界關卡圖表。

第四章
遊戲關卡設計的主要類型與流變

動作遊戲關卡設計

冒險遊戲關卡設計

益智遊戲關卡設計

模擬遊戲關卡設計

第一人稱射擊遊戲關卡設計

角色扮演遊戲關卡設計

即時戰略遊戲關卡設計

重點：

　　本章著重講述不同類型遊戲關卡的設計要素與流變形式，以及不同類型遊戲在不同時期所呈現出的特點。根據這個發展規律，預測未來不同類型遊戲關卡設計的發展方向。

　　透過本章的學習，學生可以清晰地瞭解遊戲關卡的主要類型特點與流變的基本過程，以及關卡構成的要素和遊戲的核心機制。

難點：

　　能夠正確認識不同社會背景下的遊戲關卡的特點；透過梳理遊戲關卡的脈絡和具體的案例分析，客觀深入地瞭解遊戲關卡設計在遊戲製作中的作用。

4.1　動作遊戲關卡設計

　　動作遊戲（ACT），是最早出現的一類遊戲，旗下衍生出格鬥遊戲（FTG）、射擊遊戲（STG）、第一人稱射擊遊戲（FPS）、體育遊戲（SPT）等不同的子類別。

　　20世紀80年代末，動作遊戲是主流的遊戲形式，大部分街機遊戲都是同一遊戲機制下的不同翻版。時至今日，動作遊戲不斷演化，發展出各式各樣的類別，如音樂節奏（MUG）、虛擬實境遊戲（VRG）等。動作遊戲考驗玩家的反應能力和手眼協調能力。因而，此類遊戲的結構和玩法較其他遊戲簡單，關卡的設計規律也更易掌握。

　　遊戲《狼穴 3D》為第一人稱射擊遊戲的起點。第一人稱射擊遊戲最初的發展進化可以說是比較緩慢的。Id Software 從《狼穴 3D》（圖 4-1）到《毀滅戰士：終極版》（圖 4-2）之間除了技術進步帶來的畫面上的進步之外幾乎沒有任何創新。《狼穴 3D》和《毀滅戰士》完全使用鍵盤完成角色的轉身和移動，使角色動作非常不自然，不支援滑鼠導致瞄準困難等。奇幻類 FPS 遊戲《毀滅巫師》（圖 4-3）和《異教徒》（圖 4-4）經由 ID 引擎製作，創新程度都較小。

4.1.1　關卡的設計要素

　　經研究發現，人類大腦在單位時間內只能處理有限的資訊，迅速變化的回饋資訊能夠使交互者更加專注。所以動作遊戲的關卡設計核心通常由基於反應力和敏捷力的挑戰構成，關卡設計師一般都會為圍繞遊戲技巧、遊戲速度的複雜度展開設計。

　　動作遊戲包含的設計項目有很多種，以下是較為常見的三類（可根據實際情況適當參考）。

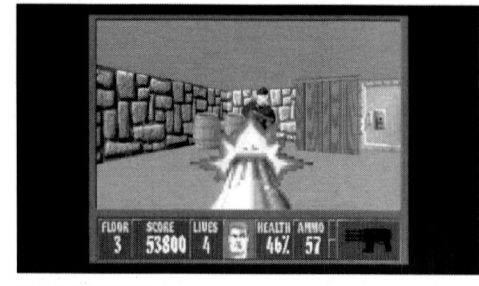

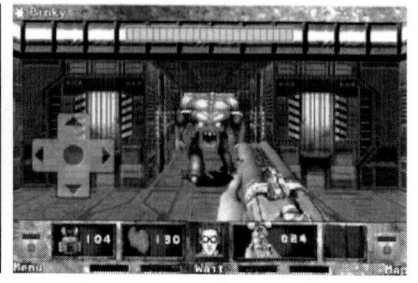

圖 4-1《狼穴 3D》　　　　　　　　　　圖 4-2《毀滅戰士：終極版》

圖 4-3《毀滅巫師》　　　　　　　　　　　　　　　　　　　　圖 4-4《異教徒》

1. 目標任務

　　動作遊戲一般由多個連續的關卡組成，關卡內容一般較為簡單，玩家需在每個關卡完成相應的任務，直至完成全部關卡，關卡目標任務難度逐步增加，關卡設計師針對不同關卡制定出不同的主題，該主題作為遊戲關卡設計的主要目的，也是該關卡的主要目標。

2. 場景

　　動作遊戲都依附於一個遊戲場景，場景設計的出發點是遊戲路徑與空間層次的平衡性。

　　在動作遊戲的場景中，兩個陣營的角色都應該具有相同的地理優勢與基本相同的路線長度，以達到遊戲的平衡性。關卡設計師應在遊戲的混戰區域設計足夠開闊的視野以及玩家逃生的多種路線，以增加遊戲對抗的樂趣。

3. 敵人

　　目前，動作遊戲的敵人主要是電腦機器人與其他玩家兩種，也有部分遊戲是兩種敵人同時出現，玩家與敵人的關係為簡單的直接對抗。電腦機器人使用人工智慧操縱，在關卡設計中人工智慧的綜合設置對於敵人的強弱與遊戲樂趣發揮決定性的作用。

4.1.2 核心機制

　　動作遊戲的遊戲性以鍛煉反應速度為主，這是一種專注而反覆嘗試錯誤的遊戲模式，在動作遊戲的關卡中遊戲規則沒有太多的限制。因此，用遊戲中角色的敏捷性與動作的連貫性戰勝對手或者克服困難，最終獲得勝利就成了動作遊戲的基本機制。在這個基本框架內，設計師將玩家關注的創新點集中到射擊感上，即遊戲角色在何種情景下，將會做何種動作，這些動作的形式和過程又將怎麼設計等。

　　常見動作機制包括跳躍、射擊、追逐、逃避、格鬥、承接物品、駕駛載具以及各類體育運動。動作遊戲關卡結構都是以明顯的段落劃分為主，大部分都有明確的任務。當任務完成後，遊戲便進入下一個階段。

4.1.3 動作操控設計

　　對應於遊戲角色在螢幕上的動作，玩家在現實中的操控動作也需要設計，這就是遊戲的操控設計。對於動作遊戲而言，人機交互尤其注重良好的操控感和靈敏的回饋感。因此，善於利用滑鼠、鍵盤和手柄等外部設備，使螢幕動作和現實動作自然對應、無縫銜接，成為動作遊戲操控設計的關鍵。

以第一人稱射擊遊戲為例，《毀滅戰士》（1993）（圖4-5）和《雷神之鎚》（1996）（圖4-6）所創立的滑鼠鍵盤組合操作，已經成為行業的標準模式。而《超級馬利歐 64》（1996）（圖4-7）的控制系統，也成為遊戲機平台上大部分3D動作遊戲的標準。這些控制模式都具有上手容易、操作自然的特點。

圖4-5《毀滅戰士》　　　　　圖4-6《雷神之鎚》　　　　　圖4-7《超級馬利歐64》

4.1.4 關卡設計的流變

動作遊戲從開始到現在，遊戲機制已經發展得非常成熟，更多的關卡設計師將創新重點放在內容的豐富性以及遊戲體驗的改進上。除此之外，生物感應技術的不斷進步，使遊戲關卡設計師在設計關卡時，透過利用真實空間和身體動作捕捉設備，開發出調動玩家全身動作的一類遊戲。玩家可以在真實的大尺度空間裡自由發揮，不再受限於傳統的人機交互模式，使遊戲更加生動、更具代入感。這類遊戲具有較好的發展前景。

4.2 冒險遊戲關卡設計

冒險遊戲（AVG），源於互動文本小說Interactive Fiction，現已演化出各種圖形類的冒險遊戲以及互動式電影（Interactive Cinema）遊戲。此類遊戲集中於探索未知、解決謎題和探索性的互動等情節。

冒險遊戲強調故事和遊戲情節。玩家透過和其他角色對話、尋找道具、戰鬥等方式來推動遊戲的發展。冒險遊戲根據遊戲的強度又可分為情節冒險類（DAVG）和動作冒險類（AAVG）。《波斯王子》系列（圖4-8）和《刺客信條》系列（圖4-9）為這兩類遊戲的代表作品。

圖 4-8《波斯王子》系列　　　　　　　　圖 4-9《刺客信條》系列

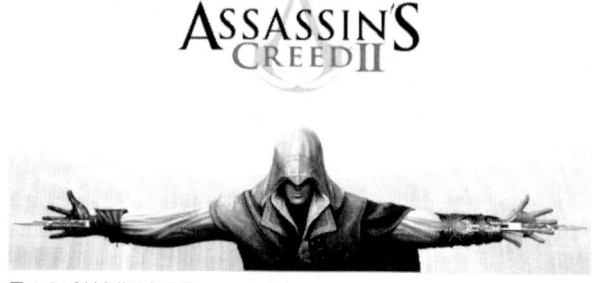

4.2.1 關卡設計要素

1. 情節冒險類遊戲

在情節冒險類遊戲裡,玩家透過控制遊戲中的角色來和其他角色對話和交換道具。玩家在探索遊戲世界的過程中,尋找謎題或是解決阻礙遊戲進程的遊戲要素。

在遊戲中玩家透過得到的道具和遊戲中提示的資訊來解決問題。例如,在《機械迷城》(圖 4-10)中機器人需要尋找鑰匙開啟大門。

2. 動作冒險類遊戲

在動作冒險類遊戲裡,玩家透過快速奔跑、跳躍、躲避、格鬥等一系列動作技巧來探索未知故事情節,透過解開謎題推動故事情節的發展。玩家需要準確地判斷前方可能遇見的困難並及時做出回饋,同時牢記一些特定的地標才能順利進行遊戲。動作冒險類遊戲要依靠人物動作的銜接(連擊)與玩家的操作加上敏捷的思維模式共同作用,這類作品的典型代表為《阿比逃亡記》(圖 4-11)。

4.2.2 核心機制

動作冒險類遊戲的遊戲性以解謎、記憶和探索未知為主,由玩家控制某個角色進行的虛擬冒險遊戲都有特定的故事背景,情節以完成某一特定任務或者解開某些謎題的形式展開,在遊戲過程中強調未知謎題或任務的重要性。遊戲關卡設計師關注的關鍵點應是怎樣將故事情節的發展與玩家互動緊密結合起來,並且要注意謎題的新穎性和邏輯性,透過不同的謎題類型來提高遊戲的沉浸感。謎題過難會降低玩家與遊戲的互動,甚至使玩家放棄遊戲。(圖 4-12)

4.2.3 關卡設計的流變

對於冒險遊戲而言,故事情節推動著整個遊戲的發展。早期冒險遊戲用鍵盤控制人物走向,屬於純文字內容,沒有圖像。隨著科學技術的發展,冒險遊戲逐漸發展為 3D 模擬真實的場景,寫實的氛圍給玩家帶來很強的視覺衝擊力。遊戲透過半隱半現、連環嵌套的提示,勾起玩家的好奇心,使玩家可以在無數個隱秘、封閉或關聯的場景中進行探險。謎題的方式也由最早的簡單的數學運算謎題發展為聲音解密、圖畫解密、動作解密等較為複雜的解

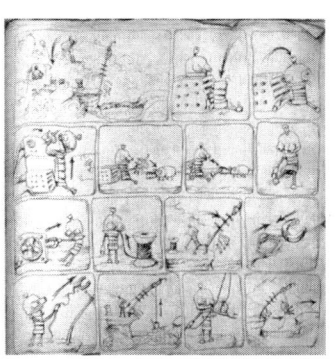

圖 4-10 《機械迷城》

圖 4-11 《阿比逃亡記》　　　　　　　　　　　　　　　　　　　　　圖 4-12 《西伯利亞》

4.3 益智遊戲關卡設計

　　益智遊戲（PUZ），是以挑戰智力為主要樂趣的一類遊戲，涉及記憶、邏輯、策略、模式辨別、空間想像、文字表達等，往往附加運氣和敏捷等考驗，為了給玩家帶來持續的動機來源，此類遊戲往往伴隨著障礙來臨時的焦慮感和解決障礙時獲得的獎勵。達到相應的分數或者解決某一特定的任務，即可結束本關卡並進入下一關。如《俄羅斯方塊》（1985）（圖4-13），玩家只需要將螢幕中下落的各種形狀的積木拼接成整體，積木無空隙，遊戲便可一直持續下去，如果積木中存在空隙，積木將不斷累積，當累積到螢幕頂部時，遊戲便以失敗告終。

4.3.1 關卡的設計要素

　　益智遊戲的設計核心即挑戰的形式，它可以是純粹的空間排列問題，也可以是邏輯推理問題，或者兩者的有機結合。關卡設計師在進行益智類遊戲設計時，為了豐富遊戲的關卡設計，利用多種智力的綜合手段給玩家帶來挑戰性。例如，《俄羅斯方塊》的挑戰在於空間智能和敏捷智慧的結合，而《推箱子》的挑戰則來自邏輯智慧和空間智慧的結合。

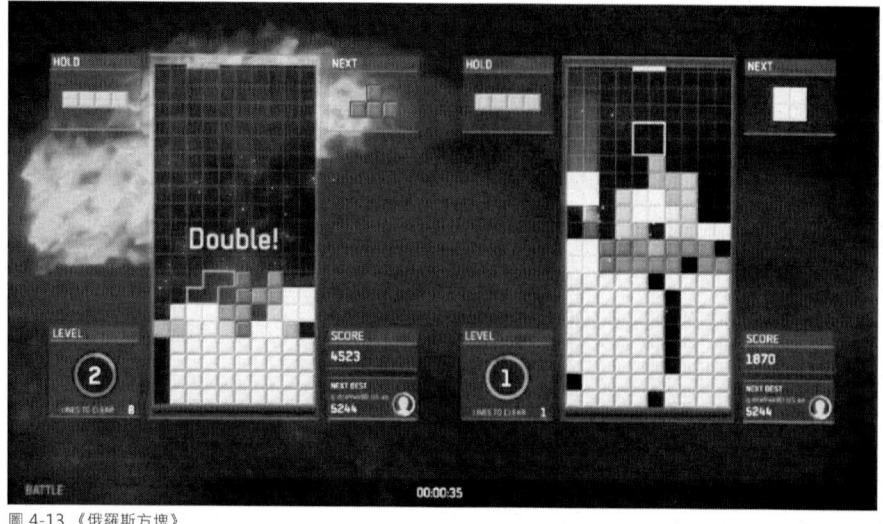

圖 4-13 《俄羅斯方塊》

4.3.2 核心機制

益智遊戲的遊戲性以腦力鍛煉為主，這是一種休閒類遊戲，在整個遊戲過程中鮮有暴力內容。益智遊戲必須具有很強的邏輯性或者策略性，交互設計上應滿足操作簡單、易掌握，遊戲規則簡單自然、淺顯易懂等特點，同時要具有技巧性和趣味性。隨著等級的提升，操作難度系數及遊戲速度相對增加，使遊戲富有挑戰性。創意在益智遊戲中佔據首要地位，如《割繩子》（圖 4-14）就是一款具有代表性的利用最簡單的遊戲方式使玩家體會到無窮樂趣的遊

4.3.3 關卡設計的流變

益智遊戲因其具有技術製作門檻較低、檔量小、傳播速度快等特點，已經成為目前最為豐富的遊戲種類。從最早的《俄羅斯方塊》、《華容道》到如今的《2048》、《憤怒鳥》（圖 4-15）、《連連看》、《割繩子》、《接水管》、《泡泡龍》（圖 4-16）、《捕魚達人》（圖 4-17）等，流變為上千種不同的形式，是目前為止流變最為豐富的一種遊戲類型。

手機平台的推出使益智遊戲在市場上的佔有量很大，關卡設計師要在注重培養玩家探索性思維的基礎上，提高玩家主動探索、解謎等主觀能動性，激發玩家持續遊戲的動力。

圖 4-14《割繩子》

圖 4-15《憤怒鳥》

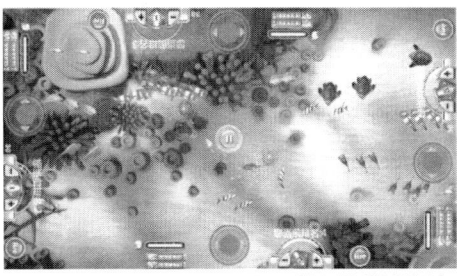

圖 4-17《捕魚達人》

圖 4-16《泡泡龍》

4.4 模擬遊戲關卡設計

模擬遊戲（SIM），是以模擬現實為主的經營遊戲。這類遊戲一般以某種真實的大型系統為藍本，將各種複雜因素融於遊戲之中，要求玩家動用智慧進行策略管理，這種遊戲沒有固定的情節和關卡，也沒有既定的規則，玩家可以按照自己的意願自由進行。例如，《模擬城市》（1989）（圖4-18）以城市的規劃和管理為主，摒棄了獲勝或者失敗的概念。

4.4.1 關卡的設計要素

模擬遊戲的設計核心即創造、管理、解決難題，它最大的特徵是沒有預設的目標，讓玩家按照自己的意願去遊戲。關卡設計師在進行模擬遊戲設計時，應滿足玩家創造的滿足感和管理的權力感。隨著遊戲的進行，難度應逐漸增加，前期玩家應注重遊戲的創造性，後期應注重管理和經營。

4.4.2 核心機制

模擬遊戲的遊戲性以創造、探索資源管理為主，並輔之以任務、情節等元素開放式結構，這是一種創造而多變的遊戲模式。因此，依靠玩家的想像力和創造力來克服和解決各種問題，最終達到玩家心中預想的效果就成為模擬遊戲的基本機制。在開放式的機構下，遊戲關卡設計師關注的關鍵點是故事情節發展難度，以及遊戲角色在場景中將會往什麼方向發展，這些故事情節發展的形式和創造又將怎麼連接。

常見模擬機制包括經營、管理、扮演、養成。類比遊戲關卡結構都是以達到某個目標為主，當達到目標後便進入下一階段的管理和經營。（圖4-19）

圖 4-18《模擬城市》

圖 4-19《模擬人生》

4.4.3 關卡設計的流變

隨著社會經濟、文化的發展,電腦硬體技術的提升,類比遊戲關卡模式也隨之改變,對於遊戲角色在遊戲中的角色定位、情感定位也越來越清晰。對於模擬遊戲而言,故事情節發展方向尤其反映了玩家的基本性格特徵或心理幻想。因此,善於利用玩家心理特徵變化來牽動故事情節發展方向及管理,有助於關卡設計師直觀地體驗社會系統的運作以及宏觀調控綜合能力的培養。

目前,類比遊戲因為受電腦硬體的限制,還處於初期發展階段。因為模擬遊戲後台工作量很大,所以只有具備大型團隊的公司才能夠推出較為優秀的模擬遊戲。模擬遊戲將由現在整體操控或局部操控兩種模式逐漸轉變為整體與局部混合操作模式,在未來的類比遊戲中大型社會群落以及社交系統會逐漸建立,最終模擬遊戲會發展成為《第二世界》遊戲模式,可以承載上億人同時線上,現實與虛擬的界限也會在這類遊戲中變得模糊。模擬經營類遊戲是未來遊戲的一個框架,理論上任何類型的遊戲都可以變為模擬遊戲的副本。(圖 4-20)

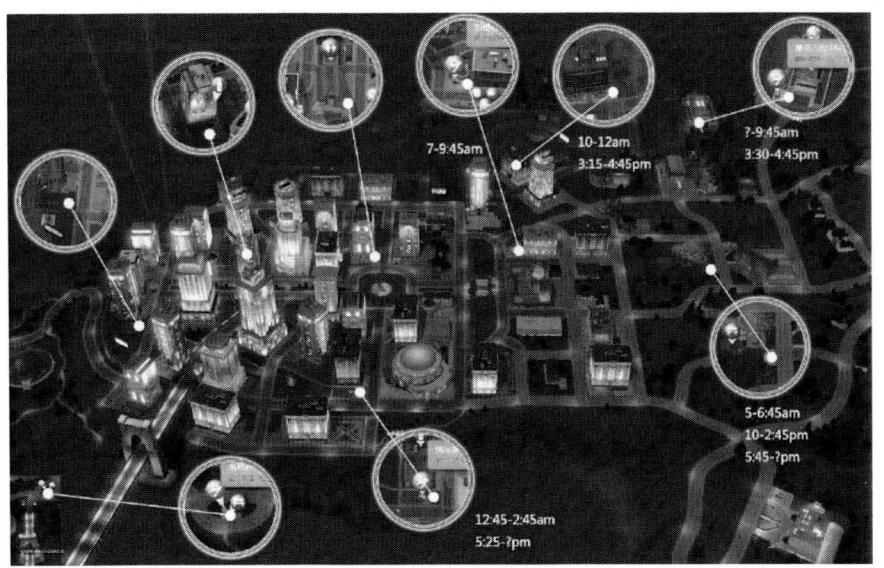

圖 4-20《模擬城市》

4.5 第一人稱射擊遊戲關卡設計

第一人稱射擊遊戲是將攝像機放置在玩家控制的角色內部,玩家不再以第三人稱的方式操作虛擬人物來進行遊戲,而是身臨其境地體驗遊戲帶來的快感,增強了遊戲的主動性和真實感。這種遊戲大多採用 3D 虛擬實境技術,將遊戲主角的視野替換為玩家的視野,給玩家帶來一種沉浸感,此類遊戲大多支援玩家在三維空間中移動和交互,具有較強的臨場感。 例如,《雷神之錘》(1996)純粹定位於一個供玩家比賽射擊技巧的競技場;《神秘島》
(1993)(圖 4-21)為第一人稱解謎遊戲的經典力作;《極品飛車》(1997)數十年不斷地更新充分體現了此類遊戲旺盛的生命力。

4.5.1 關卡設計的要素

第一人稱射擊遊戲的設計核心在於真實視角的呈現，逼真的環境是此類遊戲的首選表現方式。第一人稱射擊遊戲更注重畫面的臨場感，此類遊戲越接近真實視覺，越容易吸引玩家。《極品飛車》（圖 4-22）遊戲加入了加速度視覺模糊的特效，使很多已經放棄此遊戲的玩家重新回歸陣營。

4.5.2 核心機制

此類型遊戲的核心是如何把握真實與遊戲之間的感受界限。目前為止，人類還未發明出全範圍的 3D 圖像，所有的第一人稱射擊遊戲都是使用螢幕進行觀看式體驗。如何把握此類遊戲從真實世界向平面世界的轉換，是此類型遊戲的核心價值方向。

4.5.3 關卡設計的流變

第一人稱射擊遊戲關卡設計與技術的進步密不可分，隨著時代的發展和電子技術的不斷創新，3D 遊戲引擎實現了場景的真實化，在未來科技的輔助下，達到真正的玩家沉浸狀態才是此類遊戲的最終歸宿。

圖 4-21 《神秘島》　　　　　　　　　　圖 4-22 《極品飛車》

4.6 角色扮演遊戲關卡設計

角色扮演遊戲（RPG），在遊戲玩法上，玩家扮演一個在寫實或虛構的世界中活動的角色。玩家負責扮演的角色在一個結構化規則下透過一些行動來推動劇情的發展。多人線上角色扮演遊戲的英文全稱為 Massively Multiplayer Online Role-Playing Game，屬於角色扮演遊戲的一種高級形式。多人線上共同參與遊戲，每個玩家只扮演一個虛擬角色，並控制該角色的行為。無數的玩家共同構成一個遊戲網路。

單機角色扮演遊戲的代表作為《無冬之夜》（2000）（圖 4-23）。多人線上扮演遊戲的代表作為《魔獸世界》（圖 4-24）。

4.6.1 關卡的設計要素

角色扮演遊戲的設計以人物成長和情節展開為核心，強調角色與遊戲者的心理移情，當遊戲角色身處某種境遇時，要喚起玩家相應的情感體驗，使玩家身臨其境。

圖 4-23 《無冬之夜》　　　　　　　　　　　　　　圖 4-24 《魔獸世界》

不同的人在角色扮演遊戲中期待不同的遊戲體驗，如設計師 Neal 和 Jana Hallford 在《劍與電》一書中提到的兩種遊戲愛好者，分別為"故事迷"和"升級狂"。"故事迷"對遊戲情節的發展最為感興趣，遊戲關卡對他們不過是一本互動式的小說，所有的交互以及操作只是為了讓故事不斷推進；而"升級狂"則關注有利於升級的內容。所以遊戲關卡設計師設計角色扮演遊戲時往往會面臨艱難的選擇，一方面可以選擇使遊戲成為巨大而複雜的系統，以照顧各個玩家的喜好；另一方面，僅針對一部分玩家進行關卡設計。

4.6.2 核心機制

角色扮演遊戲的核心在於它是將虛擬人物的性格特點與玩家進行合併後將玩家徹底帶入遊戲世界的一類遊戲，角色扮演遊戲更容易使玩家產生代入感，更加貼近玩家的理想狀態。與其他類型遊戲相比，角色扮演遊戲對遊戲的劇情要求更高，情節更為曲折。因為角色扮演遊戲永遠服務於"扮演、轉化"這個要素，它能夠為玩家帶來更強烈的角色代入體驗。

4.6.3 關卡設計的流變

角色扮演遊戲目的是將玩家的內心自我狀態投射到遊戲內部，最終在遊戲中形成一個想像中的自己。早期的角色扮演遊戲由電腦桌面遊戲進化而來，如《龍與地下城》，該遊戲的核心內容由各種數值構成，透過語言和討論進行遊戲。隨著電腦儲存空間的增大與運算能力的增強，故事性極強的角色扮演遊戲大規模興起，如《軒轅劍》《天地劫》《天龍八部》《武林群俠傳》《金庸群俠傳》等。20 世紀末期，隨著互聯網的普及與發展，角色扮演遊戲最終轉變為《魔獸世界》（圖 4-25）類型的社交網路式。

圖 4-25 《魔獸世界》

《魔獸世界》系列遊戲發展至今已經走過了十多個年頭，實踐證明社交網路型的角色扮演遊戲壽命較傳統的情節式更長。

4.7 即時戰略遊戲關卡設計

即時戰略遊戲（RTS），屬於策略遊戲（SLG）的一種，遊戲是即時進行的，快而激烈，而不是策略遊戲多見的回合制。即時戰略遊戲同時具有對抗性和策略性的模擬，尤指以戰術策略為主的戰爭模擬遊戲。即時戰略遊戲要求玩家合理配置各個兵種和戰鬥隊形，調控作戰部隊和後勤單位，綜合運用各種資源來宏觀操作，獲得勝利。（圖4-26）

4.7.1 關卡的設計要素

即時戰略遊戲的關卡設計核心要素是平衡性的設計，包括地理位置的平衡性、地形的平衡性和資源的平衡性等。即時戰略遊戲操作煩瑣複雜，玩家在對戰的過程中需要配合微操作來輔助，同時需非常集中注意力，這種高度緊張的狀態要求遊戲畫面內容不能過於煩瑣與複雜，需要避免畫面的干擾。因此，畫面簡潔處理也是此類遊戲設計的重要因素。

4.7.2 核心機制

即時戰略遊戲的遊戲性與樂趣在於在公平的環境下競爭，如資源公平、地理環境公平等，此類遊戲大部分關卡設計為基本對稱模式。為了限制遊戲時間，此類遊戲關卡中加入了可再生資源和不可再生資源，遊戲的勝負取決於玩家有效使用資源的能力。此類遊戲勝利的條件較為簡單，主要有摧毀所有敵方單位或建築物、先於敵人完成特殊的任務、駐守某塊領地一定時間獲得勝利，最終殺死敵方領導人（某人物）或摧毀敵方關鍵建築獲勝。（圖4-27）

圖4-26 《星際爭霸》遊戲畫面

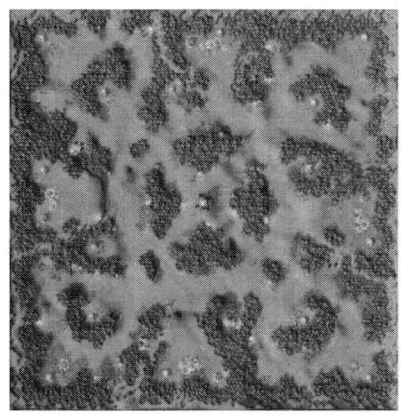

圖 4-27《失落的神廟》

圖 4-28《紅色警戒》

即時戰略遊戲的遊戲性與關卡設計師的關係並不緊密，即時戰略遊戲數值平衡是最大的難點，包括攻擊力、防禦力、移動速度等，即使是世界頂級的遊戲公司 EA 推出的著名的遊戲《紅色警戒》（圖 4-28）也未能達到較好的平衡性。目前為止，只有暴雪娛樂公司的即時戰略遊戲《星際爭霸》《魔獸爭霸》還保持著旺盛的生命力。

4.7.3 關卡設計的流變

作為即時戰略遊戲的始祖，《離子戰機》中玩家透過控制一個單位的運動來進行遊戲，它成為日後的滑鼠點擊操作方式的鋪墊。1991 年的《海上爭雄》，雖缺乏對戰鬥單位的直接控制，但它仍然提供了對資源管理和經濟系統的控制。1992 年，由 Westwood Studios 開發的《沙丘魔堡 2》確立了即時戰略遊戲的形態，該遊戲闡述了現代即時戰略遊戲中的所有核心概念，例如用滑鼠控制單位、資源採集等，這些都是此後的即時戰略遊戲的原型。《家園》（圖 4-29）遊戲的推出使即時戰略遊戲進入了三維空間操作模式，此種模式大幅度增加了遊戲的難度，降低了即時操作性，遊戲的可玩性遭到破壞，最終變成一個花瓶式的作品。《星戰前夜》（圖 4-30）將即時戰略遊戲的短平快的節奏轉換為既有短平快又有長時間休閒狀態，並且將即時戰略遊戲升級成為長期線上的社交網路型遊戲，是一個較為成功的作品。

即時戰略遊戲的發展主要有兩個方向，一是更加具有競技性，二是更加具有社交性，即時戰略遊戲主要以男性玩家為主，以科幻題材為主要的題材類型。

遊戲關卡流變與數位硬體的發展密不可分，每次數位硬體的革新與進步都是全新類型遊戲以及全新類型關卡誕生的開始。同時，關卡的變化與人類生活的方式密不可分。隨著社會節奏的加快，玩家沒有長時間持續感受一款遊戲的機會，碎片化的時間特點使玩家群落發生了本質的轉變，設計遊戲目標群也由原來的精英玩家轉向休閒玩家。在這樣的社會背景下，遊戲關卡的複雜程度逐漸降低，遊戲關卡逐漸轉變為短平快的模組式組合，一款遊戲內會有多種遊戲機制與完全不同類型的關卡設計，從而適應快節奏與碎片化的社會生活方式。

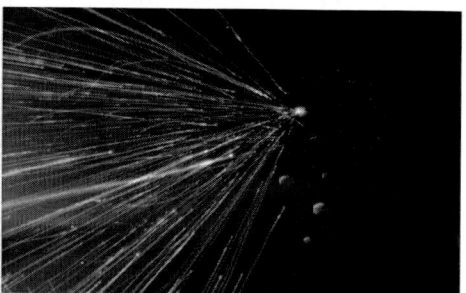

圖 4-29《家園》

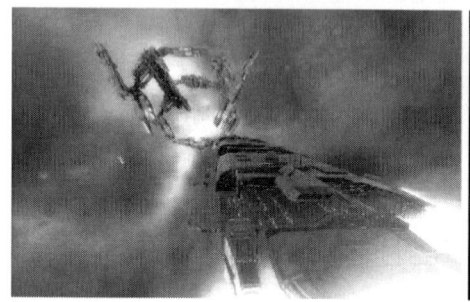

圖 4-30《星戰前夜》

教學導引

小結：

本章針對遊戲關卡設計的主要類型和流變進行了論述。透過對本章的學習，學生可以對不同類型的關卡特徵及流變有全面的認識；根據遊戲的流變瞭解未來遊戲關卡設計的發展方向，對不同遊戲類型的關卡設計的特點在遊戲關卡製作中的作用有深入的認識，為遊戲關卡設計打下堅實的基礎；學生透過學習建立正確的學習方法和良好的學習意識，並不斷地提升自己專業素養和綜合能力。

課後練習：

1. 分析兩款同類型遊戲，拆分其中具體的一個關卡，對兩款遊戲關卡進行對比分析（遊戲機制、關卡構成、地圖特點、遊戲平衡性，分析尋找此類型遊戲關卡之間的相同點和差異性）。

2. 分析一款遊戲關卡的反覆運算與電腦硬體的發展關係以及關卡設計的流變過程（從第一版到最新版 所經歷的全部版本）。

第五章
遊戲關卡設計的心理學基礎

遊戲心理學基礎

普通遊戲心理學

遊戲心理學對遊戲創作的影響

> **重點：**
> 　　本章著重講述遊戲關卡設計必須掌握的心理學基礎知識，以及心理學基礎、普通遊戲心理學和遊戲心理學與遊戲創作之間的關係。
> 　　透過本章的學習，學生可以切實地瞭解遊戲關卡設計所需要的心理學類基礎知識，透過對普通遊戲心理學的了解，為後期遊戲關卡設計的製作提供理論指導。
>
> **難點：**
> 　　對普通遊戲心理學的深入瞭解與實際運用能力；能夠充分意識到遊戲心理學對遊戲關卡前期策劃的指導作用。

5.1 遊戲心理學基礎

　　人類為什麼會玩遊戲？什麼遊戲好玩？哪種類型的遊戲會使人投入更多的時間與精力？為什麼會投入如此長的時間在遊戲當中？遊戲的樂趣給玩家帶來什麼心理狀態？為什麼很多的學生在網吧全神貫注，而學習的時候卻心不在焉？為什麼遊戲癡迷者最終會把遊戲的情節帶入現實世界做出超乎想像的舉動？造成這些心理活動的動機是什麼？

　　神經學家指出，作為一個和諧統一的有機體，人類的意識在多個層面以複雜的形式相互關聯，每一個層面的思考都會影響其他層面的局部判斷。在產生遊戲的過程中，人類的知性和意志雖然無法明顯地控制本能的取向，但是，其理性的光輝必須深刻地影響遊戲樂趣的多個細節。正如設計學家唐納德·A·諾曼（Donald Arthur Norman）所指出的："人類強大 的反思水準使我們優越於其他動物，使我們能夠克服本能的純生物水準的支配，能夠克服自身的生物遺傳。"

5.1.1 生理基礎

　　神經學家保羅·D·麥克林（Paul D. Maclean）提出的三重腦（Triune Brain）模型，對於簡單理解遊戲的心理與生理動機有著重要的參考意義。麥克林將人類大腦分為三重結構：

　　爬蟲類腦（Reptilian Brain），或曰原始腦（Primitive Brain），它包括了脊髓、腦幹、間腦、小腦等神經組織，以一種既定刻板的方式運行，掌握呼吸、心跳、肌肉、平衡等基本生命生活，別名鱷魚腦。

　　古哺乳類腦（Paleomammalian Brain），或曰邊緣系統（Limbic System），這一腦組織可以進行直覺的價值判斷，但只有正向與負向兩種簡單結果；它激發害怕、高興、憤怒和愉悅等基本情緒，司掌育幼、攻擊、逃避、性等本能行為，別名馬腦。

　　新哺乳類腦（Neomammalian Brain），或曰大腦新皮質（Neocortex Neopallium），是人類大腦的三分之二的物質所在，孕育著人類的智慧與才能，掌管語言、藝術、邏輯、策劃、推理等高級思維，是文明與創造的源頭，別名人腦。

這三種大腦結構相互影響，協調運作，共同構成了完善的大腦功能，任何一處結構受損都會造成相應的功能障礙。

在此基礎上，諾曼指出，人類感受愉悅的情緒對應著大腦的生理結構，也可將其分為本能水準（Visceral level）、行為水準（Behavioral level）和反思水準（Reflective）三種不同的水準。

其中，大腦自動預設好的反應稱之為本能水準，本能水準可迅速地對好或壞、安全或危險做出判斷。

本能水準是促發遊戲動機產生的核心層面，也是遊戲帶來快感的直接原因。行為水準是控制人類維持日常活動的機制，主要控制知覺、肌肉活動。行為水準是維繫遊戲持續發生的重要環節。反思水準是人類特有的高層次的意識活動，其中包括沉思、預測、邏輯和內省，以及人類特有的靈感都發生在這一層級。反思水準是遊戲體驗與遊戲樂趣的來源。

本能水平常見於危險發生時，如眨眼，心跳等。高空彈跳的快感主要來自於本能水準的刺激。快速的下落感激起了原始的自我保護機制，人們本能地感到恐懼或緊張。而反思水準告訴玩家在跳下去之後所發生的所有事情都是建立在保障人身安全的基礎上的。本能水準層次的意識會使人類的腎上腺素快速分泌，從而導致呼吸加快，心跳、血液流動加速和瞳孔放大等生理反應的出現，從而進入極度興奮的狀態，此時愉悅感和興奮感迅速升級，最終完成一次極限遊戲的樂趣（圖 5-1）。

極限遊戲對個體的本能水準要求較高，不同的人群受到刺激後產生的反應不同，如果本能水準遠遠超過反思水準的制約，人類就會因極度不適應而產生昏厥、抽搐等。

行為水平常見於不斷嘗試的過程，例如一種熟練使用工具時的體驗，行為水準是使玩家持續遊戲的重要機制。行為水準是一種熟練施展技能所產生的程式執行狀態。最終這種狀態會進化為一種節奏感。大部分的節奏感遊戲都以這種模式吸引玩家。此類遊戲的特點是操作簡單，使用門檻低。玩家一旦掌握了遊戲的基本規則，便會樂此不疲地繼續體驗這種行為水平帶來的樂趣，典型的例子有：彈鋼琴、敲鼓、演奏樂器。在行為水準上，逐漸熟練的過程在某種程度上交織著本能水準，如人類對平衡性的掌握，雖然是逐漸熟練的過程，但在每次重要的時段會產生本能水準的興奮（圖 5-2、圖 5-3）。

反思水準是人類專有的高級知性與美感體驗的結合，它是人類特有的本領，也是人類社會劃分為不同等級的依據。反思水準最主要體現為排列與組合，如搭建模型、發明創造、歸納星座，以及繪畫、雕塑、哲學等。圍棋遊戲就是反思水準的直接體現，只有黑色、白色兩種物件，所有的規則與方式都是經過前人反思而來，而正在下棋的人也時時處於反思狀態。反思狀態也是遊戲聯動效應重要的組成部分。（圖 5-4、圖 5-5）

圖 5-1 高空彈跳　　　　　　　　圖 5-2 人對平衡的掌握　　　　　　　　圖 5-3 人對平衡的掌握

人類的任何活動都同時包含大腦的這三種層面，不同的遊戲這三種層面的比重也有所不同，帶給玩家的體驗也不同。同樣，這三種層面發展不同的玩家也會選擇不同類型的遊戲。年輕的玩家更側重於第一層，隨著年齡的增長則開始側重於第三層。同樣，三個層面發育不同的人也會從事不同類型的工作或玩不同類型的遊戲，玩不同類型的遊戲或者從事不同類型的工作也會促使這三個層面有不同的發展。（圖 5-6、圖 5-7）

圖 5-4

圖 5-5

圖 5-6

圖 5-7

　　遊戲是一個創造性過程，可以簡單地理解為越喜歡玩遊戲的人越具有創造性。影響創造性的主要因素是神經化學遞質的傳導，目前發現的主要類型有多巴胺（DA）、去甲腎上腺素（NE）、腎上腺素（E）、5-羥色胺（5-HT）也稱（血清素）等，毒品屬於特殊的刺激類型，但可以產生同樣的效果。（圖 5-8 至圖 5-10）

　　綜上所述，遊戲產生的機制受人的生理因素的影響，這為後期人類深入探索遊戲心理奠定了堅實的理論基礎，也為製作更優秀的電子遊戲提供了理論依據。

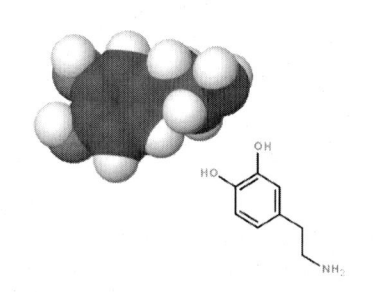

圖 5-8 多巴胺（DA）

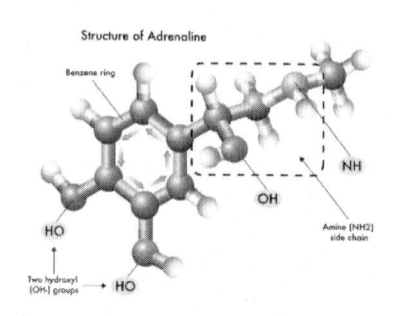

圖 5-9 腎上腺素（E）

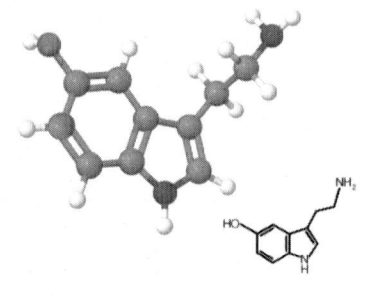

圖 5-10 5-羥色胺（5-HT）

圖 5-11

圖 5-12　　　　　　　　　　　　　　　　圖 5-13

5.1.2 遊戲論

　　20世紀60年代，英國生物學家珍·古德（Jane Goodall）對黑猩猩進行了10餘年的觀察，她的一些研究表明，遊戲並非人類特有的活動，大多數動物都具有本能遊戲性。小夥伴的追逐、相互打鬧，就是一種遊戲行為，而遊戲是動物界學習的重要途徑。（圖 5-11 至 圖 5-13）

　　生物學家約翰·貝葉注意到西伯利亞羱羊的遊戲總是選擇在坎坷的斜坡或是陡峭的懸崖上進行，他們跳躍、奔跑、追逐，似乎是有意地選擇一些具有挑戰性的環境，然後借此提升躲避敵害的能力。

　　弗裡德里希·席勒（Friedrich Schiller）認為：動物們因情緒上的歡愉而揮霍過剩精力的活動也是遊戲產生的原因。例如，猴子在閒暇的時候折斷樹枝隨之丟棄，但人們並未發現此種行為對動物成長有任何用處。

　　伊曼努爾·康德（Immanuel Kant）（圖 5-14、圖 5-15）在《判斷力批判》一書中談道：總的說來，他把藝術作為人的"感覺的自由遊戲""觀念的遊戲"，他強調藝術同通常的遊戲那樣，由於擺脫了實用的與利害的目的，並"從一切的強制中解放出來"，而具有自由、單純和娛樂的特徵。所謂"從一切的強制中解放出來"，也就是說除了自身的目的之外，藝術不從屬於其他的目的，如功利的、道德的、認識的目的。所謂"感覺的自由遊戲""觀念的遊戲"，是指藝術之美感與想像的特點。

康德還從生理與心理方面來談遊戲："肉體內被促進的機能，推動內臟及橫膈膜的感覺，一句話說來，就是健康的感覺（這感覺在沒有這種機緣時是不能察覺的）構成了娛樂。在這裡人們也見到精神協助了肉體，能夠成為肉體的醫療者。"康德還特別強調把賭博排除在"美的遊戲"之外。他已經從"精神協助肉體"來說明遊戲為藝術的審美特徵。

康德在《判斷力批判》中說："人們把藝術看作仿佛是一種遊戲。"詩是"想像力的自由遊戲"，其他藝術則是"感受的遊戲"。

康德的"遊戲說"指出藝術活動好像遊戲，它帶給自身的感受是愉快的，是自由的。他把藝術活動區別於自熱活動，區別於手工藝，這抓住了藝術的審美本質。他指出了資本主義的"異化"勞動特徵。更進一步地從原理上講，生物基因攜帶的信息量儘管驚人，但仍然難以巨細無遺地錄入所有大腦將會用到的資訊。從石炭紀時的早期爬行類動物開始，腦的絕對信息量就開始超過基因的信息量。因此，對於不同類型的能力，自然界可能採用了不同方式的遺傳途徑。例如，呼吸、消化、睡眠等原始的機能大都來自先天，是各種生物與生俱來的能力；而複雜的捕獵技巧、社會認知等能力則是透過後天的學習獲得的。於是，一些高等生物的部分能力便轉而採用更為粗略的遺傳描述，只在幼體降生時保留最關鍵的綱領和脈絡，具體細節則需要透過後天的鍛煉來進行學習和完善。而這一綱領便是遊戲性的基因基礎。

席勒 J.C.F.（Schiller·Ferdinand Canning Scoot）（圖 5-16）認為，透過高度的抽象概括，可以分辨出人身上具有的兩種對立因素，即人格和狀態。二者是絕對的存在，即理想中的人是統一的；但也是有限的存在，即經驗中的人卻是分立的。人終究不是作為一般的、理想的人存在，相反，而是作為具體實在的人存在的。因此，理性和感性相互依存的本性促使產生兩種相反的要求，即實在性和形式性。與這兩種要求相適應，人具有三種衝動：感性衝動、理性衝動和遊戲衝動。所謂"感性衝動"就是把人內在的理性變成感性現實的一種要求；而所謂"理性衝動"即使感性的內容獲得理性的形式，從而達到和諧。

在席勒看來，"感性衝動"和"理性衝動"作為人的兩種對立的天性的要求，還是沒有統一的，而只有"遊戲衝動"才能使這兩種"衝動"統一，並進而使人性達到統一。席勒認為，"感性衝動要從它的主體中排斥一切自我活動和自由，理性衝動要從它的主體中排斥一切依附性和受動。但是，排斥自由是物質的必然，排斥受動是精神的必然。"因此，兩個沖動都須強制人心，一個透過自然法則，一個透過精神法則。當兩個衝動在遊戲衝動中結合在一起活動時，遊戲衝動就同時從精神方面和物質方面強制人心，而且因為遊戲衝動揚棄了一切偶然性，因而也就揚棄了強制，使人在精神方面和物質方面都得到了自由。[1]

關於遊戲的各種論調層出不窮，永無止境。人類進行遊戲的動機的討論還在繼續，動物界在漫長的自然淘汰過程中，逐漸進化出一套能夠用腦內神經化學物質來獎勵學習行為的機制。它們基於本能地、固化地將學習與快樂相聯繫，並在快樂的引誘下，無意識地進行學習和鍛煉。這種利用遊戲性發展學習的模式巧妙地解決了高等動物的遺傳難題，由此，基因資訊只需要保留學習的基本模式和相應的獎勵機制，就可以把具體的學習內容留給後天的發展。這大大減少了基因所需攜帶的信息量，而且保證了生存技能的有效傳遞。

一些學者認為，隨著科技的發展，世界上部分先進國家將首先進入休閒娛樂時代。屆時，一種以休閒、遊戲、娛樂為特徵，圍繞相關產業和文化，從經濟結構、意識觀念、發展形態等層面區別於以往模式的新型社會將逐漸形成，呈現於歷史的舞台之上。

圖 5-14 伊曼努爾·康德

圖 5-15

圖 5-16 席勒 J.C.F

荷蘭的語言學家和歷史學家約翰·赫伊津哈（Johan Huizinga）（圖5-17）說："在一種高度發展的文明中，遊戲的天性會再次全力宣稱自身的存在，使個人和群體都沉浸於一個巨大遊戲的迷醉當中。"對此歷史趨勢的預言，本書不敢妄加揣測，不過，由此我們可以看出遊戲性潛在的極大力量。

圖5-17 約翰·赫伊津哈

5.2 普通遊戲心理學

　　遊戲心理學並非一個單獨的心理學門類，它是由多種心理學交織而成的心理學系統，其中主要包括：學習心理學、認知心理學、社會心理學、行為心理學等。遊戲心理學研究的內容錯綜複雜，主要內容是研究玩家的遊戲動機、遊戲方式對人行為方式的影響、遊戲沉浸的原因、玩遊戲的過程中情感和意志的狀態。

　　人類意識與遊戲的關係，最先提出論斷的是精神分析學家西格蒙德·佛洛伊德（Freud Sigmund）。他指出，人的心理包括意識（Consciousness）、潛意識（Subconsciousness）和前意識（Preconsciousness）。其中，潛意識是一種不知不覺地運行意識的底層、無法被本人察覺的精神活動。在人類的生活中，潛意識總是按照"快樂原則"追求滿足，其中隱藏著動物性的本能衝動。我們整個的心理活動似乎都是在下決心去追求快樂而避免痛苦，而且自動地受"唯樂原則"的調節。在精神分析學的早期理論中，追求遊戲的快樂是潛意識在"唯樂原則"主導下的無意識本能。

　　佛洛伊德劃定的"潛意識"比唐納德·A·諾曼以及保羅·D·麥克林理論中的"本能水平思考"的概念更加廣義、寬泛和鬆散。"潛意識"不僅代表了本能的簡單需要，而且有著"既令人驚奇而又令人迷惑不解的"精神活動，能夠以相當的智慧和想像力將本能的願望曲折地表達出來。

　　1923年，佛洛伊德在《自我與本我》（The Ego and the Id）一書中對上述理論做出進一步完善。他明確提出，人格分為本我（Id）、自我（Ego）和超我（Superego）三個部分。其中"本我"是潛意識的組成部分，不懂得邏輯、道德與善惡，只受"唯樂原則"的支配；而"超我"則根據"至善原則"監督和指導"自我"，以公眾認可的道德規範進行活動。這一系列下的遊戲活動可以這樣闡述："本我"催生基礎的遊戲動機，而"自我"在"超我"的指導下，規範和影響遊戲的活動方式。佛洛德認為，成人的遊戲更類似於"幻想"或"白晝夢"，是童年遊戲的繼續和替代。他說："幸福的人從不幻想，只有感到不滿意的人才幻想。未能滿足的願望，是幻想產生的動力。" 由此，遊戲便成為玩家在現實中不能達成的願望的替代品。遊戲特有的自由讓"自我"暫時地拋棄顧慮，隨性地調節"本我"和"超我"的要求，消除它們之間的矛盾和衝突。從這個意義上講，遊戲使玩家得以逃離現實的強制和約束，為受壓抑的或者理想化的願望提供一個映射的體系，並將之付諸實現。在弗氏的理論中，遊戲的對立面不是真正的工作，而是現實。

發展心理學家愛利克·埃裡克森（Erik H. Erikson）進一步補充了佛洛德的學說。他認為，"遊戲可以幫助自我積極主動地發展，進而協調和整合自身的生物因素和社會因素。"遊戲中，過去可復活，現在可表徵和更新，未來可預期。因此，遊戲是一種使身體的過程與社會性過程同步的企圖，是一種典型的情景。可見，遊戲現象隱喻著玩家當下面臨的現實問題和社會環境，遊戲中的各種事物被遊戲者附加了種種映射和含義，組成了一套符號化的意義系統，並呼應著遊戲者的願望和價值觀。

教育心理學家維果茨基（Lev Vygotsky）也持有類似的觀點。他認為遊戲的本質是願望的滿足，這種願望來自於遊戲者的社會關係或者生活中的觸動，累積在不被玩家意識到記憶深處，成為概括化的情感傾向，誘導和影響著遊戲的發生。這也說明，遊戲與自我願望、現實意義具有緊密的聯繫。

在諸多的心理學家的論述中，對遊戲心理學最具操作性的是人本主義心理學派奠基人亞伯拉罕·馬斯洛（Abraham H. Maslow）提出的理論。

1943 年馬斯洛在《人類激勵理論》一書中提出"需求層次論"。書中將人類需求像階梯 一樣從低到高劃分為生理需求、安全需求、社交需求、尊重需求和自我實現需求。五種需要 按層次逐級遞升，但次序不是完全固定的，可以變化。一個國家多數人的需要層次結構，同這個國家的經濟發展水準、科技發展水準、文化和人民受教育的程度直接相關。馬斯洛需求層次理論簡單描述為圖 5-18。

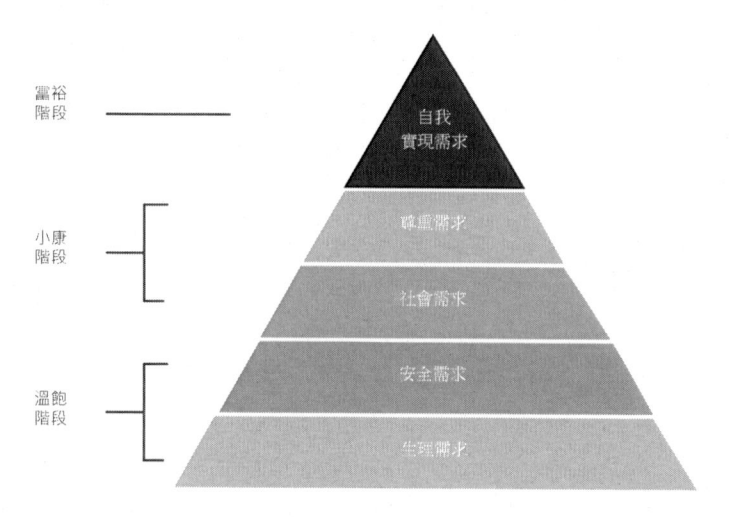

圖 5-18 需求層次理論

5.2.1 生理需求

生理需求（Physiological needs），是級別最低、最具優勢的需求，如對食物、水、空氣、健康的需求。

未滿足生理需求的特徵：什麼都不想，只想讓自己活下去，思考能力、道德觀明顯變得脆弱。例如，當一個人極需要食物時，可能會不擇手段地搶奪食物；人們在戰亂時，也大多不會排隊領麵包；假設人為報酬而工作，以生理需求來激勵下屬。

5.2.2 安全需求

安全需求（Safety needs），同樣屬於低級別的需求，其中包括對人身安全、生活穩定以及免遭痛苦、威脅或疾病等的需求。

缺乏安全感的特徵：感到自己受到威脅，覺得這世界是不公平或是危險的。認為一切事物都是危險需求層次的，而變得緊張、彷徨不安，認為一切事物都是"惡"的。例如，一個孩子，在學校被同學欺負，受到老師不公平的對待，開始變得不相信社會、不敢表現自己、不敢與人交往，而借此來保護自身安全；一個人，因工作不順利、薪水微薄、養不起家人，而變得自暴自棄，每天利用喝酒、吸煙來尋找短暫的安全感。

5.2.3 社交需求

社交需求（Love and belonging needs），屬於較高層次的需求。如對友誼、愛情以及隸屬關係的需求。

缺乏社交需求的特徵：因為沒有感受到身邊人的關懷，而認為自己沒有活在這個世界上的價值。例如，一個沒有受到父母關愛的青少年，認為自己在家庭中沒有價值，所以在學校中無視道德觀和理性地積極地尋找朋友或是同類；青少年為了讓自己融入社交圈中，去吸煙、惡作劇等。

5.2.4 尊重需求

尊重需求（Esteem needs），屬於較高層次的需求，尊重需求既包括對成就或自我價值的個人感覺，也包括他人對自己的認可與尊重。

無法滿足尊重需求的特徵：變得很愛面子，或是很積極地用行動來讓別人認同自己，也很容易被虛榮綁架。例如，利用暴力來證明自己的強勢，努力讀書讓自己成為醫生、律師來證明自己的價值，富豪為了名利而賺錢或是捐款。

5.2.5 自我實現需求

自我實現需求（Self-actualization），是最高層次的需求，包括對真善美至高人生境界的需求。只有在前面四項需求都能滿足的情況下，最高層次的需求才能產生，這是一種衍生性需求，如自我實現、發揮潛能等。

缺乏自我實現需求的特徵：覺得自己的生活被空虛感佔據著，自己要去做一些在這個世界上身為一個"人"應該做的事，極需能更充實自己的事物，尤其是讓一個人深刻地體驗到自己沒有白活在這世界上的事物。也開始認為，價值觀、道德觀勝過金錢、愛人、尊重和社會的偏見。例如，一個真心為了幫助他人而捐款的人；一位武術家、運動家將自己的體能發揮到極致；一位企業家認為自己所經營的事業能為這個社會帶來價值，或為了比昨天更好而工作。

5.2.6 自我超越需求

自我超越需求（Self-Transcendence needs）是馬斯洛在晚期所提出的一個理論。

這是當一個人的心理狀態充分地滿足了自我實現的需求時，所出現短暫的"高峰經驗"，通常都是在執行一件事情時或是完成一件事情時，才能深刻體驗到的感覺，通常發生在藝術家或是音樂家身上。例如，一位元音樂家，在演奏音樂時所感受到的一股"忘我"的體驗；一位畫家在創作時，感受不到時間的消逝，對他來說創作的每一分鐘，跟一秒一樣快，但活得每一秒卻比一個禮拜還充實。

當一款遊戲以安全保障為前提能夠滿足玩家基本需求的時候，玩家就會有興趣投入；在遊戲的過程中可以得到尊重，玩家就會得到一定的快樂享受；能夠產生良性交互，社會需求能夠得到滿足，玩家就會在遊戲中有較長時間的駐留。在遊戲的過程中自我價值的不斷體現，可以使玩家投入更多的精力到遊戲中，當玩家透過遊戲得到自我超越的需求時，就能產生長時間的沉浸狀態。

遊戲設計的心理模型研究更多地關注社交需求、自我實現需求與自我超越需求，這三點構成了遊戲設計以及遊戲關卡設計的核心競爭力與核心價值。如何正確使用這幾點心理學基礎並將其應用到遊戲設計中去，是一個遊戲製作團隊最終的使命。

5.3 遊戲心理學對遊戲創作的影響

5.3.1 遊戲應具有的基本特徵

遊戲性不是孤立的個人察覺，而是動態的、具有感染力的群體共鳴。遊戲以其特有的方式在媒介中傳播，憑藉無須解釋的語境傳遞友好資訊，並透過歡樂和愉悅感染周圍的人。在眾多對遊戲的論述中可以發現遊戲具有以下四個基本特徵。

1. 挑戰性

人類思考和學習的天性與人類透過工具改變世界的方法決定了人類終身學習的生存方式。任何一種學習都是新知識的獲取、新規則的引入，時時刻刻充滿著挑戰。遊戲如果沒有挑戰性，就不符合人類學習的天性。同樣，如果遊戲過於簡單，人類的學習能力得不到發揮，就會對其產生厭煩情緒；遊戲過於複雜導致無法找到學習的方法，人們就會放棄這個遊戲。（圖 5-19、圖 5-20）

2. 積累性

學習是一個積累的過程，在不斷積累基礎知識後解決更高難度的知識。如果遊戲的方式不斷發生變化，使玩家無法透過學習次數的增加而獲得經驗，每次遇到的都是全新的問題，

全新的系統，玩家就會因為沒有成就感而放棄遊戲。（圖 5-21、圖 5-22）

3. 目的性

遊戲之所以迷人，是因為遊戲世界不同於現實世界，人類從出生到死亡兩個接點並沒有實際的意義，在人生中很多的事情處於無法判斷對錯的境地，迷惑、迷惘、焦慮等負面情緒都源於這種特殊的生命形式存在。遊戲是以通關為目的，每一個階段都有明確的目標。如果遊戲過程產生過多類似於真實世界的問題，玩家就會放棄遊戲。（圖 5-23、圖 5-24）

4. 安全性

如果因遊戲而不慎受傷或產生本能的厭惡感，大腦的自我保護機制會促使樂趣系統停止向神經化學遞質的釋放，促使玩家終止遊戲。男性玩家和女性玩家對於某些特定情境的喜好具有差異，某些女性玩家往往無法忍受射擊遊戲中的血腥、暴力畫面，不願涉足參與，而一些男性玩家卻往往樂在其中。

圖 5-19

圖 5-20

圖 5-21

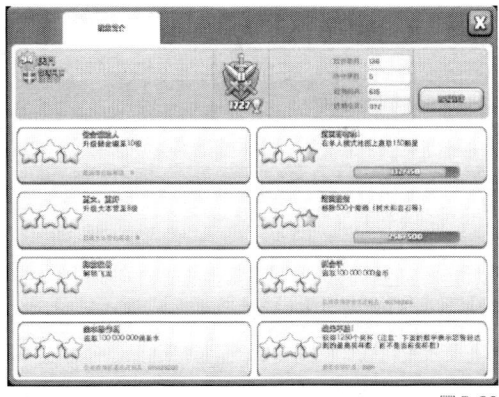

圖 5-22

圖 5-23

圖 5-24

5.3.2 遊戲對玩家的負面影響

作為自然賦予的天性，遊戲造就了人類最快樂的學習方式，也促進了人類體能與智慧的發展；在工作中，遊戲更是推動著藝術創造、科學探索和體育競賽等偉大事業的發展。我們認為，遊戲有正向的五大主題：公正、自由、創造、發展和學習。

但是，在純商業利益驅動下的遊戲出現了種種異化，不僅為玩家帶來了一定程度的困擾，而且在生理層面、精神層面和社會層面給玩家造成了不容樂觀的負面影響。

1. 遊戲成癮

遊戲成癮是指玩家過度沉迷遊戲，陷於其中而不能自拔。對於自製力較弱的青少年而言，沉迷遊戲危害甚大，一些因遊戲而荒廢學業、生活失常以至於釀成慘劇的事件屢有曝光，遊戲也因此有了"電子鴉片"的惡響。

一般認為，遊戲成癮和普通癮症具有類似的表現，主要特徵有：

（1）較強的耐受性；
（2）明顯的戒斷症狀；
（3）遊戲頻率提高；
（4）無法控制玩遊戲的衝動；
（5）花費大量的時間、精力從事遊戲及相關活動；
（6）雖然能夠意識到遊戲的嚴重影響，仍然無法克制。

例如，2009 年某大學二年級學生小梁因癡迷網路遊戲，在網咖連續熬了四個通宵，回到宿舍後猝死。他就是典型的遊戲成癮者。這種癡迷的狀態不禁令人想起梵谷（Vincent Van Gogh）在生命的最後幾年，為了理想而如癡如狂，甚至為此犧牲一切的狀態。可惜的是，小梁的激情完全消耗在了無用的虛擬目標上。

遊戲成癮不僅浪費時間和精力，甚至還會造成人格扭曲。一些家長談及遊戲，往往如臨大敵，仿佛遊戲和毒品一般，一經沾染，終身為患。（圖 5-25、圖 5-26）

遊戲成癮固然可怕，但也並非是不治之症。有關學者指出，遊戲成癮與藥物成癮截然不同。遊戲快感源於人體自身的神經遞質獎勵，其失衡狀態可以透過調理得到恢復；而海洛因等毒品的快感源於外界的化學物質，其改變具有物理性。也就是說，遊戲成癮並非藥物意義上的癮症，而是對某種事物過度熱衷的極端表現。遊戲成癮是愛好、熱衷、沉迷等一系列狀態的失衡端點。可以說，遊戲的天性在於促進體魄和心智的發展，而遊戲成癮卻很大程度上影響了身心的健康，不得不說是遊戲性的極大異化。（圖 5-27、圖 5-28）

圖 5-25

圖 5-26

2.遊戲疲勞

遊戲的另外一個危害來自長時間的沉浸帶來的過度疲勞。

一些玩家反映，過度遊戲會導致頭暈、失眠、視力下降、食欲不振、背頸部不適等不良反應，甚至死亡。

分析發現，大部分遊戲操作都需要長時間地注視螢幕，頻繁機械地點擊按鈕，其間還伴有高強度的注意力集中和情緒波動；再加上遊戲的情節懸念迭起，緊張刺激，自控力差的玩家往往欲罷不能。這些因素都促使了疲勞的產生。

但是，不良設計也應負有責任。在商業利益的驅動下，個別遊戲開發商不僅不對遊戲時間做有效的限制，甚至還有意地延長。例如，很多網路遊戲都可以 24 小時持續不斷地進行，而且其中的副本關卡和任務關卡被設計得十分複雜，玩家往往要耗費大量的時間才能完成，再加上漫無止境的升級，使玩家消耗的時間和精力難以估量。

而在傳統的遊戲中，遊戲時間往往受到客觀環境、身體反應和人為因素的約束。例如，打羽毛球需要一個適宜的環境和場地，時間過長便會使人產生疲勞，而且對手的個人意願也發揮關鍵作用。

因此，時間過長是遊戲天性的某種異化，不但會造成疲勞和不適，還會浪費大量的寶貴資源。（圖 5-29、圖 5-30）

3.精神扭曲

與身體的疲憊相比，個別遊戲對玩家創造能力、自由思想的扼殺，以及對世界的扭曲認識更令人擔憂。

例如，少數設計粗劣的遊戲只是憑藉不斷地升級和快速地操作來製造遊戲性，玩家身處其間不僅無法開闊視野、獲得新知，反而被局限在一個模式簡單、思維線性、等級森嚴的異化世界，久而久之可能會引發自閉心理，與現實世界產生隔膜。

圖 5-27 　　　　　　　　　　　　　　　　　　　　　　　　圖 5-28

圖 5-29 　　　　　　　　　　　　　　　　　　　　　　　　圖 5-30

更有極個別遊戲策劃者企圖透過遊戲扭曲玩家的價值觀，居心叵測。例如，日本光榮公司（KOEI）製作的《提督的決斷》系列遊戲，其妄圖透過所謂的"中立"立場篡改日本戰敗的歷史，美化法西斯主義和軍國主義。這種上升到意識形態的異化更是令人無法容忍。與之相反的是，遊戲設計大師克裡斯·克勞福德（Chris Crawford）曾經選擇亞瑟王（King Arthur）作為設計題材，但後來發現亞瑟王在歷史上是依靠暴政實現統治的，與遊戲預想的價值觀相左，因而果斷地取消了開發。成熟的設計師要十分謹慎地選擇題材。（圖 5-31、圖 5-32）

綜上所述，除了極少數別有用心的案例外，大部分遊戲性的偏離都是盲目追求商業利益的結果。例如，套路化的遊戲內容、過長的遊戲時間、片面地追求刺激性等。可見，行業積弊是造成遊戲異化的主要原因，也是制約遊戲健康發展的最大障礙。

圖 5-31

圖 5-32

教學導引

小結：

本章著重講述遊戲關卡設計中所需要的心理學基礎知識。在心理學基礎部分，主要講解遊戲心理學和普通遊戲心理學，簡單區分兩者的關係，透過學習普通遊戲心理學為關卡設計的前期指導打下堅實的基礎。本章中引入了普通遊戲心理學相關知識，從生理需求、安全需求、社交需求、尊重需求以及自我實現需求與自我超越需求六大方面闡述普通遊戲心理指導的重要作用，認識遊戲心理學是遊戲關卡創作的理論化指導，掌握普通遊戲心理學是關卡設計師研究玩家遊戲動機以及遊戲方式的前提。具體有關心理學如何指導關卡設計的實施步驟在本章中並沒有著重描述，本章對遊戲關卡心理學以及遊戲的異化進行簡要介紹。學生需透過專業的書籍在課後進一步學習，以理解遊戲關卡的心理學基礎。

課後練習：

1. 根據普通心理學中生理需求、安全需求、社交需求、尊重需求以及自我實現需求與自我超越需求這六大需求對遊戲《紀念碑穀》進行分析。
2. 試舉例說明遊戲挑戰性對於遊戲創作的影響。

6

第六章
遊戲關卡設計的
程式基礎

遊戲數學基礎

遊戲物理基礎

電腦程式設計基礎
資料結構基礎
圖形學與 3D 圖形技術

重點：

　　本章著重講述遊戲關卡設計必須掌握的程式基礎知識，其中包括遊戲數學基礎、遊戲物理基礎、電腦程式設計基礎、資料結構基礎以及圖形學與 3D 圖形技術。

　　透過本章的學習，學生可以切實地瞭解遊戲關卡設計所需要的基本知識，透過對電腦語言的瞭解以及對圖形學與 3D 圖形技術的認識，為後續關卡的實現提供操作依據，為場景佈置打下堅實的基礎。

難點：

　　電腦語言的認識以及簡單運用；能夠透過學習本章內容充分認識到三維圖元與模型在遊戲場景中的運用及表現。

6.1 遊戲數學基礎

　　數學是電腦科學的基礎，也是遊戲程式開發的基礎，主要分為高等數學（微積分）、線性代數、幾何學、機率統計學和離散數學等方向。線性代數與幾何學的知識是遊戲開發的基礎，電腦圖形的繪製與開發都是靠基本數學原理完成的。電腦語言是遊戲開發的基礎，透過使用電腦語言可在電腦內構建一個類比的遊戲世界。遊戲世界在電腦中就是 一個幾何空間的資料，這種表述方式是線性代數與遊戲的結合。三維空間以及三維遊戲所使 用的是線性代數研究的內容：向量、矩陣來描述空間的方向、位置、角度，透過向量與矩陣間的運算來實現空間的規劃、物體的移動與旋轉、樹木的擺放、道具的形式以及人物的運動等。因此，程式在遊戲開發中除去電腦科學必需的知識外，更側重對線性代數與幾何學的學習。

6.1.1 左手坐標系和右手坐標系

　　描述三維空間的方法是定義坐標系。三維空間中的每個物體都具有前後、左右、高低三個軸向上的位置屬性，可以用三條相互垂直且具有方向的坐標軸組成笛卡爾三維坐標系來確定物體的空間位置。

　　笛卡爾三維坐標系又分為左手坐標系與右手坐標系兩種。左手坐標系與右手坐標系的區別是坐標系統中 Z 軸的方向。在圖左側的左手坐標系中，Z 軸指向紙內；在右側的右手坐標系中，Z 軸向指向紙外食指與大拇指分別指向 Y 軸與 X 軸。（圖 6-1）

　　坐標系用於確定三維技術描述遊戲以及虛擬世界的空間基礎，遊戲開發的前提是瞭解所使用的圖形標準與圖形系統採用哪種坐標系。在三維圖形開發庫的 Direct 三維空間採用的是左手坐標系，而在第一人稱射擊遊戲《雷神之錘》中，則採用的是右手坐標系。根據以上理論，在使用了不同坐標系的遊戲中，向前方投擲的物品可能在另一個坐標系裡會被扔到後方敵人的手中。

圖 6-1 笛卡兒三維坐標系

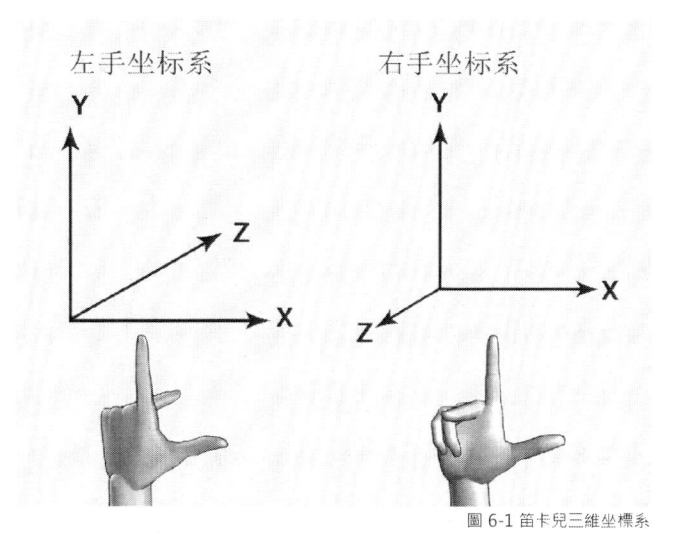

6.1.2 向量在遊戲中的運用

向量（vector）指具有大小和方向的幾何物件，向量是遊戲圖形開發中使用得最多的術語，它常被用來記錄位置變化、方向等。

在數學中，向量就是一個數字清單，向量的表示方法通常使用方括號將一列資料組合起來，如[93.04.16]。向量包含的"數"的數目被稱為向量的維度。在三維遊戲程式設計時最常用的 是三維向量。

向量的使用為關卡設計師提供了描述三維空間方向性的便利。在幾何學裡，向量是指有向的線段，向量的大小值就是向量的長度。因為向量擁有長度和方向，所以向量在描述幾何空間中具有很大的作用。例如，在遊戲中子彈發射的方向、道具的朝向、攝影機觀察三維空間的方向甚至光線的方向都可以用向量來表達。

6.1.3 矩陣變換在遊戲中的運用

在線性代數中，矩陣就是以行和列的形式組織成的矩形數位塊。表示方法通常是使用方括弧將數位塊組合起來。矩陣的維度被定義為它包含了多少行和列。通常使用 m×n 的形式來 表示一個矩陣，其中 m 表示矩陣行數，n 表示矩陣列數。例如，下面是一個 3×3M 的矩陣 M（圖 6-2）。

行數和列數相同的矩陣稱為方陣。方陣能描述任意線性的變換。線性的變換包括旋轉、縮放、投影、鏡像等（圖 6-3）。遊戲中的大量圖形變換都是透過矩陣計算完成的。遊戲開發中存在大量圍繞矩陣概念的綜合計算，"遊戲數學" 作為一個全新的領域，為學者提供了研究方向。

6.2 遊戲物理基礎

角色扮演遊戲題材通常選用虛擬世界作為遊戲世界觀。但是，角色扮演遊戲內容卻需基於現實物理理論基礎進行設計。例如，子彈在射擊牆壁的同時，牆壁需遵守彈性形變規律發生變形。在競速類遊戲當中，賽車的速度、加速度以及風與車之間的摩擦力的關係是建立在現實物理理論的基礎上的。

6.2.1 速度與加速度

遊戲中物體運動的基本原理是物理原理，物體的運動具有一定的速度與加速度。遊戲中玩家視覺上感受到的速度符合物體在現實世界中的運動狀態，玩家才能正常判斷。例如，預估敵人或彈藥的運動軌跡、計算射擊位置、控制遊戲角色的運動等基本操作。

速度是單位時間內物體移動的距離。例如，一輛汽車在公路上的速度是 100km/h，意思 就是在一個小時內，汽車可以移動 100km。

代碼中，速度用電腦與數學語言來描述。結合笛卡爾坐標系的知識，描述物體的位置以及速度。如圖 6-4 所示，在平面直角坐標系中，設某一物體的座標位置為（A，B），速度設置為每秒 P (x，y)，則物體在下一秒的位置為：

$$A=A+X$$
$$B=B+Y$$

三維遊戲空間中，同時改變三個座標值，如玩家的手指按在 W 鍵上的時候，程式一直重複上述計算，並可隨時改變角色的位置，透過遊戲圖形系統玩家可觀測角色的行駛路線。

速度表示在單位時間內的移動距離，加速度表示單位時間內速度的變化率，是速度的一個變數，物體在空間中移動的速度變化的快慢，物理上用加速度來表示。例如，《極品飛車》（圖 6-5）系列遊戲中，當玩家持續按 W 鍵時，車速則會不斷地增加。

$$M = \begin{bmatrix} m_{11} & m_{12} & m_{13} \\ m_{21} & m_{22} & m_{23} \\ m_{31} & m_{32} & m_{33} \end{bmatrix}$$

圖 6-2 代數

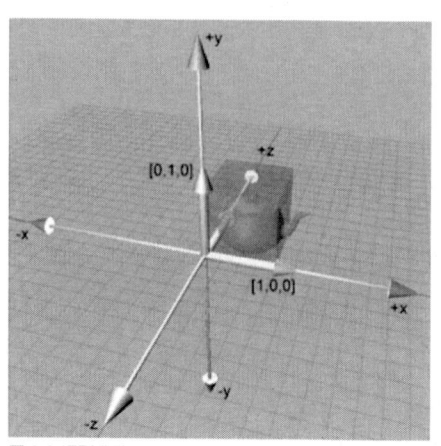

圖 6-3 矩形方陣

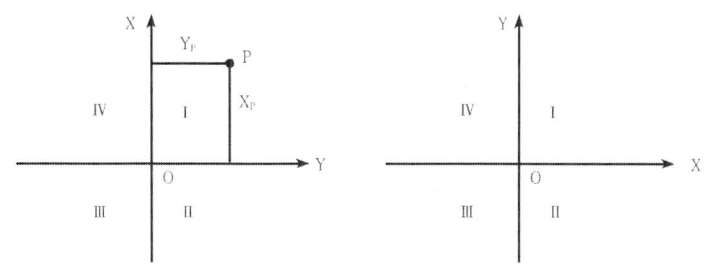

圖 6-4 笛卡兒坐標系

圖 6-5 《極品飛車》

6.2.2 重力與動量

電子遊戲的虛擬世界中，為了呈現物體運動的真實感，物體的速度與重力、動量缺一不可。物體的物理屬性能使玩家切身感受物體以及遊戲世界的真實。例如，飛馳的汽車、橫飛的彈片或是其他現實生活中的物體。遊戲中類比物體的質感，主要透過重力和動量的原理來實現。

重力的體現作為遊戲中首要的物理現象，避免玩家在遊戲體驗中脫離地表，破壞遊戲體驗感。如 NBA 等運動類遊戲，重力作為遊戲體驗必不可少的構成要素之一，可使玩家在遊戲體驗過程中模擬現實世界，產生與現實世界一樣的物理現象。（圖 6-6）

現實生活中，不同品質（重量）的物體運動效果各異。例如，被風以 10m/s 的速度吹打到額頭上的一片樹葉與以同樣速度砸到額頭上的玻璃所產生的效果完全不同；一輛以 130km/h 的速度行駛的汽車剎車與 30km/h 的速度前進的自行車剎車所需消耗的力是完全不同的。遊戲中不同品質的物體應設置相應程度的虛擬品質，使遊戲更具帶入感。

動量是物理學的基本概念，在量度物體運動的研究與實驗中引入與形成。17 世紀初，意大利物理學家伽利略·伽利雷（Galileo Calilei）引入"動量"名詞，起初將其定義為物體遇到阻礙時，所產生的效果。經典力學中，動量表示為物體的品質和速度的乘積，是與物體的品質和速度相關的物理量，是運動物體的作用效果，與物體的品質、速度有關。公式如下：

$$動量 = 品質 \times 速度$$

在物理世界中，能量是守恆的，既不會憑空產生，也不會憑空消失，只能由一個物體傳遞給另一個物體，而且能量的形式也可以互相轉換。動量作為物體能量的一種體現，在一個物體碰撞另一個物體時動量也遵循能量守恆定律。當一個系統不受外力或者所受外力的和為零時，這個系統的總動量保持不變，如人在地面上推箱子。

以動量守恆定律為理論依據，可根據碰撞物體重量、碰撞前物體速度、方向等計算物體碰撞後的速度與方向，其最終可模擬真實的碰撞效果。如遊戲《橫衝直撞 3：毀天滅地》中，利用動量守恆定律模擬真實的汽車碰撞（圖 6-7）。

圖 6-6 籃球比賽重力體現

圖 6-7 《橫衝直撞 3：毀天滅地》

6.2.3 爆炸效果

爆炸是在遊戲中經常出現的物理現象。爆炸會產生無數的碎片，在製作爆炸效果時需要考慮碎片的運動狀態。透過對爆炸產生的物理效果進行抽象分析，即可模擬出真實的爆炸效果。

爆炸的過程大致分為兩個階段，第一個階段是爆炸的瞬間，物體碎裂，每個碎片都受到爆炸源的巨大衝擊力，根據動量定理（$mv=ft$，m 為品質，v 為速度，f 為力，t 為時間），物體的速度瞬間增大，碎片所受重力可忽略不計。第二個階段是爆炸的作用力消失之後，其碎片已經獲得了極快的速度，並且受到了重力的作用，物體做自由落體運動。

爆炸初期的效果如圖 6-8 所示，粒子受衝擊力的作用呈現放射狀運動。第二個階段，因為爆炸粒子受到的衝擊力瞬間消失，粒子受到向下重力的作用呈現自由落體運動（圖 6-9）。現實生活中，將物體被瞬間衝破，其碎片散落四處的物理現象稱為爆炸。遊戲中，可以透過兩種表現方法來描述爆炸的效果，一種是靜態的表現，利用連續的爆炸圖來描述爆炸的過程；另一種是動態的表現，利用粒子（爆炸產生的顆粒）的運動方式來描述爆炸的過程（圖 6-10），而粒子的運動過程，則利用爆炸碎片的運動規律來描述。

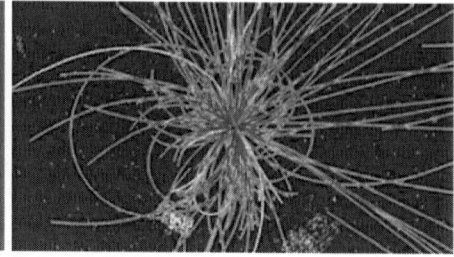

圖 6-8 爆炸初期單個粒子及群體狀態

圖 6-9 爆炸後期單個粒子及群體狀態

圖 6-10 遊戲中的爆炸效果

6.2.4 反射效果

反射是一個光學術語,指光線在透過兩種物質的分介面上改變傳播方向又返回原物質中傳播(圖6-11)。遊戲中的反射則是指人或動物透過神經系統,對外界或內部的各種刺激所做出的有規律的反應。

辨別物體在經過反射後的具體方位,只需在其反射運動中,求出物體的反射角,就可以知道物體反射後的方位,如圖6-12所示《反恐精英》手雷的反射效果。

隨著電腦軟硬體技術的高速發展,為實現遊戲的真實性,物理知識在遊戲中的運用日漸增多,因此,遊戲數位物理領域受到更多遊戲軟體工程師的重視,相應的物理引擎產品也已相繼出現。在遊戲物理領域甚至出現了人工智慧,透過人工智慧設計專用物理顯卡,提高電腦硬體的速度,以適應遊戲中越來越多的物理運算需求,從而呈現更逼真的遊戲世界。

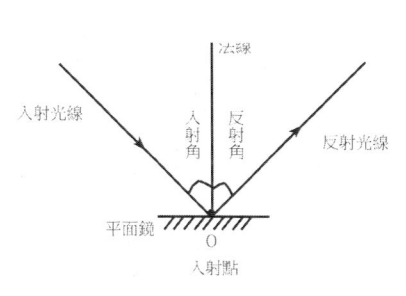

圖6-11 反射　　　　　　圖6-12 《反恐精英》

6.3 電腦程式設計基礎

電腦系統由硬體系統與軟體系統兩大部分構成。硬體系統是電腦的物質基礎,而軟件系統是電腦的靈魂,沒有軟體,電腦只是一台"機器",無法完成任何工作,有了軟件,電腦才能靈動起來,成為一台真正的"電腦"。而所有的軟體,都是使用電腦語言編寫的。

遊戲軟體發展人員的程式設計能力決定著遊戲具體功能的實現。製作何種遊戲,遊戲裡需要什麼內容完全取決於軟體工程師的專業技術水準。軟體是電腦的靈魂,軟體工程師是靈魂的創造者,軟體工程師與靈魂對話的方式就是使用高階語言及其程式設計技能。

不僅如此,作為專業技術人員,除了掌握本專業系統的基礎知識外,科學精神的培養、思維方法的鍛煉、嚴謹的做事習慣,以及深入分析問題與解決問題的能力,都是軟體技術人員應該具備的基本素養。

6.3.1 程式語言的分類

電腦完成特定功能的一組有序指令的集合稱之為軟體。電腦所做的每一次動作,每一個步驟,都是按照電腦語言程式設計實施的。在電腦語言的整個發展過程中,程式設計語言經歷了機器語言、組合語言到高階語言等多個階段。

1. 機器語言

電腦能直接識別的是電路開關的閉合，開路為"1"，閉路為"0"，由"0"和"1"可以組成二進位碼，二進位是電腦的語言基礎。電腦發明之初，二進位語言無法描述複雜的人類語言，人們只能放棄自己的自然語言，用電腦的語言去直接命令電腦，也就是寫出一串串由"0"和"1"組成的指令列交由電腦執行，這種語言就是機器語言。

使用電腦語言十分簡單，缺點是難以理解、開發效率低下、程式修改錯綜複雜。由於規範化樣本還未形成，每台電腦的指令系統往往各不相同，初期電腦語言幾乎完全沒有通用性。要想在一台電腦上執行另一台電腦的程式，就必須重新改造程式，這造成了大量的重複性的工作。但機器語言一旦形成就會由電腦自動執行，並且出錯率極低，其在運算效率方面是所有語言中最高的。

2. 組合語言

為了提高程式開發的效率，人們考慮對二進位的電腦語言進行二次編碼，使用符號串來替代一個特定指令的二進位數字串，比如，用"ADD"代表加法，"MOV"代表資料傳遞 等。將這些符號翻譯成二進位數字，這種翻譯程式被稱為組合語言程式，這樣形成的程式設計語言就稱為組合語言。

組合語言與機器硬體密不可分，通用性較機器語言有改進，執行率有部分提升，但仍不穩定。二次編碼後英文單詞的使用大大提高了開發效率。針對電腦特定硬體而編制的彙編語言程式，能準確發揮電腦硬體能力，程式精煉，出錯率低。所以在遊戲中，有時某些特別強調運行速度的部分會使用組合語言來開發。

3. 高階語言

電腦高階語言接近於數學語言與人類自然語言，其語句功能完善，易於被人們掌握的同時又不受電腦硬體限制，使用高階語言編寫的程式不能直接在電腦上運行，必須將其翻譯成機器語言才能執行，這種翻譯的過程一般分為解釋執行和編譯執行兩種方式。

1954 年 Fortran 問世，使高階語言完全脫離機器的硬體。在此之後，又出現了上百種高級語言，其中影響較大、使用較普遍並且具有延續性的語言主要有 Algol、Coboc、Basic、Lisp、Pascal、C、Prolog、Ada、C++、Java 等。

遊戲開發語言是多種多樣的，使用何種語言主要取決於不同的硬體環境和最終要達到的要求。所有的大型單機或多人線上遊戲，都是使用 C++編寫的。到目前為止，只有 C++語言可以完全應用於遊戲開發的圖形函式程式庫。另一種遊戲開發語言 J2ME（Java 的一個移動開發版本）是近年主流的遊戲開發語言，它主要應用於手機遊戲的開發。以這兩種語言為工具，遊戲軟體工程師再綜合使用各種技術就可以開發出各式各樣的遊戲類型。

6.3.2 應用得最廣泛的程式語言

1. C 語言

C 語言是應用得最為廣泛、最為成功的程式設計語言之一。其強大和完善的功能受到了工程師們的歡迎，包括系統軟體 Unix 等都是使用 C 語言編寫而成。C 語言是一種面向過程的語言，著重程式設計的邏輯、結構化的語法，按照"自頂向下，逐步求精"的思路逐步分解問題、解決問題。C 語言是高級程式設計語言，它基本使用美式英語的語法，程式師編寫代碼的過程就相當於是自己思考的過程。

例如,語言中的 if、else、which 等單詞的意思與人們生活中所表示的含義是一致的。舉例如下:if

 (tomage>kateage)

 {

 printf("tom is old brother!");

 }

 else

 {

 printf("Kate is old sister!");

 }

  C++程式語言是以 C 語言為基礎,加入物件導向程式設計思想發展而來的語言形式。傳統的面向過程語言,如果編寫的遊戲程式碼量較大,使用 C 語言編寫就會變得十分龐大複雜、難以維護、重用性差,更何況一個由近百萬行遊戲代碼組成的遊戲,傳統的 C 語言已經無法滿足開發這類遊戲的要求。

  C++程式語言加入了更多的抽象概念用於顯示生活中的人、事、物等實體,在程式中以物件形式加以表述,這使得程式能夠處理更複雜的行為模式。另一方面,物件導向程式在適當的規劃下,能夠以編寫完成的程式為基礎開發出功能性更複雜的元件,這使 C++程式語言在大型程式的開發上極為有利,主流的大型遊戲幾乎都是使用 C++程式語言開發的。

  C++程式語言所編寫出來的程式有可以調用作業系統所提供的功能,師出同門,早期的部分作業系統是使用 C/C++程式語編寫,因此可以調用 Windows API(Application Programming Interface,應用程式設計發展介面)、DirectX 功能等。C++程式語言允許程式開發人員直接訪問記憶體,能進行"位元"(bit)的操作。因此,C++程式語言能實現組合語言的大部分功能,可以直接對硬體進行操作,對多種複雜情況,尤其是對遊戲的開發十分有利。不論從圖形開發,還是從遊戲的效率方面考慮,都有一些效果必須透過底層(系統層)方法來實現,都需要程式語言能夠直接操作記憶體。(圖 6-13)

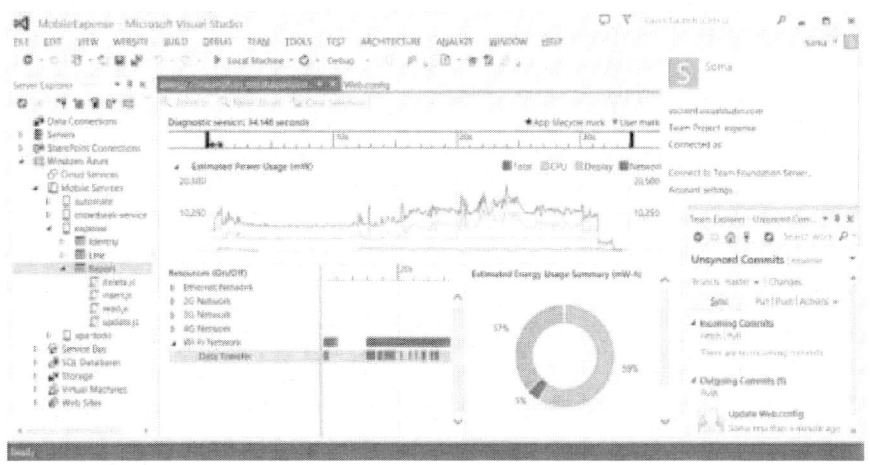

圖 6-13

2. Java 程式語言

　　Java 程式語言首先由 Sun Microsystems（已被甲骨文公司收購）提出，Java 程式語言具有跨平台功能，這一優勢隨著互聯網的普及逐步擴大。跨平台功能是指 Java 程式語言可以在不重新編譯的情況下，直接運行於不同的作業系統上。這個機制可以運行的關鍵在於"字節碼"（Byte-code）與"Java 虛擬機器"（Java Virtual Machine，簡稱 JVM）的共同配合。（圖 6-14）

　　Java 程式語言在編寫結束之後，首次使用編譯器編譯器時會產生一個與系統平台無關的位元組碼檔（副檔名*.class）。位元組碼是一種類似於機器語言的編碼，用於說明將要執行的操作。而要執行位元組碼的電腦上必須有 Java 虛擬機器（一種軟體），虛擬機器根據不同系統的機器語言對位元組碼進行第二次編譯整理，使其成為該系統可以理解的機器語言，並載入到記憶體執行。

　　Java 虛擬機器透過構建作業系統上的一個虛擬機器器來實現程式的跨平台運行，程式設計人員只需針對這個執行環境進行程式設計，不用過多地考慮虛擬機器之間的交換問題，大幅度降低了程式師的工作強度，透過建立 Java 虛擬機器很好地保證了程式在不同平台的可攜性。

　　在經歷數個不同版本的改進與功能加強之後，Java 程式語言在繪圖、網路、多媒體等方面都透過增加 API 功能庫而得到了能力擴展，甚至涉及三維領域。J2ME 的出現，使許多手機程式與遊戲也逐漸開始使用 Java 程式進行開發，於是 Java 真正進入了遊戲業。

　　J2ME 是 Java2 微型版的縮寫（Java 2 Platform Micro Edition），作為 Java2 平台的一部分，包括 J2ME 與 J2SE（Java 2 Standard Edition）、J2EE（Java 2 Enterprise Edition）。J2ME 為無線應用的用戶端和伺服器端提供了完整的開發、部署環境。

　　目前，大部分的智慧手機都支持 J2ME。由於 Java 比 SMS（短資訊）或者 WAP 能更好地控制介面，允許使用子圖形動畫，並且可以透過無線網路連接遠端伺服器，這使它成為目前最好的移動遊戲開發環境。J2ME 逐漸成為一個被廣泛應用的行業標準語言（圖 6-15）。

6.4 資料結構基礎

資料結構是所有程式設計的基礎，也是遊戲軟體發展的基礎。資料結構作為一門學科，主要研究的內容為：資料的邏輯結構，資料的物理存儲結構，對資料的操作（或稱為演算法）。通常，演算法的設計取決於資料的邏輯結構，演算法的實現取決於資料的物理存儲結構。

圖 6-14 Java 程式語言

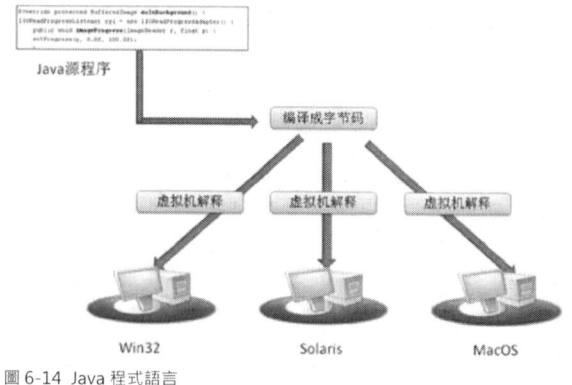

圖 6-15 使用 Java 程式語言開發的 3D 手機遊戲

在類似《穿越火線》的多人聯網遊戲中，要存儲玩家的清單，首先要考慮的就是邏輯結構，例如，是使用一個按玩家加入順序清單的一維佇列還是使用一個二維表格存儲。其次，同樣邏輯結構的玩家清單在記憶體中也會有不同的物理實現，例如，是在記憶體中連續存儲還是 分散存儲。不同的邏輯結構和物理存儲結構同時對操作的要求有所影響。對於某些適合隨時 添加或刪除資料的存儲結構，可以用來存儲玩家清單，因為玩家可以隨時加入或離開；對於 某些適合存儲和訪問大量的資料而不適合隨時改變的存儲結構，就用來存放大量的遊戲靜態數 據，如關卡地形。

6.4.1 資料的邏輯結構

資料結構按邏輯結構的不同分為線性結構和非線性結構。

線性結構的邏輯特徵：若結構是非空集，則有且僅有一個開始結點和一個終端結點，並且所有結點最多只有一個直接後續。（圖 6-16）

非線性結構的邏輯特徵：一個資料元素可能有多個直接前驅和多個直接後繼，典型的結構類型為樹狀結構、二叉樹結構等。非線性編輯有更強的擴展能力與組合能力，但是出錯機率較大。（圖 6-17）

6.4.2 線性結構——佇列和棧

佇列和棧從邏輯上講它們都屬於線性結構，通常稱它們為線性表，它們是線性結構中的兩種典型情況。

1. 佇列

佇列是一種先進先出的線性表達。它只允許在表的一端進行結點插入，而在另一端執行結點刪除，允許插入的一端稱為隊尾，允許刪除的一端則稱為隊首。如日常生活中的排隊，最早入隊的最早離開，就是先進先出，如圖 6-18 所示。

遊戲《反恐精英》（圖 6-19）中的槍械朝牆壁或地上射擊的時候會留下彈孔，這種效果增加了遊戲的真實感。但任何效果的實現都是需要消耗記憶體的，因為要完成彈孔的顯示就需要存儲全部彈孔的位置資訊，如果遊戲中彈留下的彈孔都被全部顯示出來，那將消耗大量內存空間，這將對遊戲硬體平台帶來壓力。《反恐精英》中彈孔的數量實際上是有限的，當達到一定數量後，最先留下的彈孔將消失，這就是典型的"先進先出"，也是佇列在遊戲中最 典型的事例。

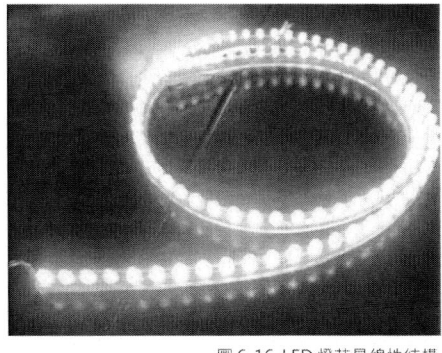

圖 6-16 LED 燈芯是線性結構　　　　圖 6-17 菱形編隊的機群屬於非線性結構

2. 栈

栈是僅允許在表的一端插入和刪除的線性表。栈的表尾稱為栈底，表頭稱為栈頂，可以把栈看成一個只有一端開口的容器，取出元素的口和放進元素的口是同一個口。這樣先放進去的元素只能在後放進去的元素後取出，這是栈的特性——先進後出，如圖 6-20 所示。

一般的軟體都提供了 UNDO 功能，即使用者可以按順序撤銷自己曾經進行的操作，撤銷是以先後順序為主，這是典型的先進後出，是栈的應用實例。

6.4.3 非線性結構——樹與二叉樹

1. 樹

樹是一種應用得十分廣泛的非線性結構。遊戲中的許多技術都要使用到樹，例如，對弈遊戲、人工智慧中的 AI 演算法等都需要用樹來實現。樹是 n（n>0）個結點的有限集合 T，在一棵非空樹中有且僅有一個特定的結點稱為樹的根。當 n>1 時，其餘結點分別為 m（m>0）個互不相交的集合 T1、T2、T3……Tm。每個集合又是一棵樹，稱為這個根的子樹。

樹的定義是一個遞迴的嚴格形式化的定義，即在樹的定義中又使用了"樹"這個術語，但這也是樹的固有特性。下面透過圖 6-21 來瞭解樹的定義，在此圖中的樹 T 中，A 是根結點，其餘結點分成 3 個互不相交的子集，並且它們都是根 A 的子樹。B、C、D 分別為這 3 棵子樹的根。而子樹本身也是樹，按照定義可以繼續劃分，如 T1 中 B 為根結點，其餘結點又可分為兩個互不相交的子集。顯然 T11、T12 是只有一個根結點的樹。對於 T2、T3 可做類似的劃分。由此可見，樹中每一個結點都是該樹中某一棵子樹的根。

2. 二叉樹

樹形結構中最常用的是"二叉樹"（Binany Tree）。二叉樹的定義是 n（n>0）個結點的有限集合，它或為空二叉樹 n（n=0），或由一個根結點和兩棵分別稱為左子樹和右子樹的互不相交的樹組成，如圖 6-22 所示的是一棵二叉樹，其中 A 為根，以 B 為根的二叉樹是 A 的左子樹，以 C 為根的二叉樹是 A 的右子樹。

雖然二叉樹與樹都是樹形結構，但是二叉樹並不是樹的特殊情況，它們的主要區別是：二叉樹結點的子樹要區分左子樹和右子樹，即使在結點只有一棵子樹的情況下，也要明確指出該子樹是左子樹還是右子樹，例如圖 6-23 中（a）和（b）是兩棵不同的二叉樹，但如果作為樹，它們就是相同的了。

二叉樹常常應用於查找、壓縮等演算法中。在三維圖形演算法中，最普通的應用就是空間分割上的二叉樹和八叉樹分割演算法（圖 6-24）。

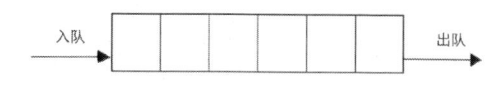

圖 6-18 佇列

圖 6-19 彈孔的處理應用了佇列結構

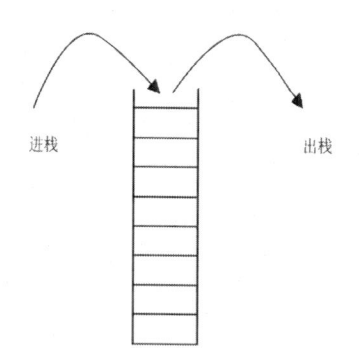

圖 6-20 栈元素的進入和取出

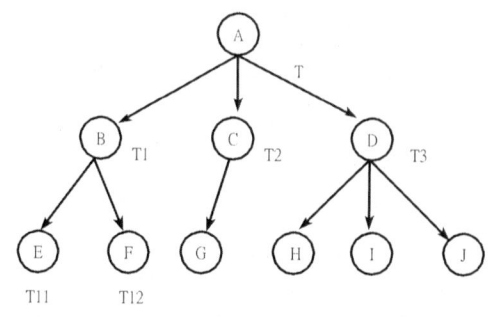

圖 6-21 樹

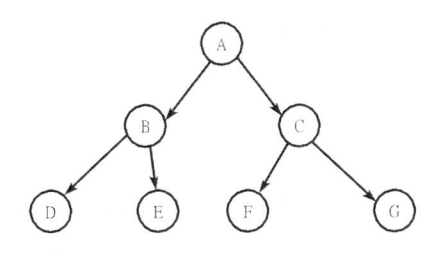

圖 6-22 二叉樹

6.4.4 演算

演算法是對資料的操作方法。資料採用任何形式的邏輯結構和物理存儲結構都會存在對資料的排序、查找、修改、添加和刪除等操作。資料採用的邏輯結構和物理存儲結構不同，演算法也會為之改變，例如，在順序存儲結構和連結式存儲結構的中間插入資料的效率就有非常大的差距，所以演算法是與資料結構相關的。遊戲中的各種資料會採用不同的資料結構，程式師應掌握不同的演算法以提高程式的執行效率。

6.5 圖形學與 3D 圖形技術

電子遊戲作為一種交互軟體，早期是以文字交互為主，如文字 MUD 等類型的遊戲。隨著 Windows 平台以及電腦圖形硬體技術的發展，遊戲由文字交互發展到了圖形時代。現在，3D 圖形技術轉變為遊戲程式開發的核心，遊戲的開發與 3D 電腦圖形學密切相關。

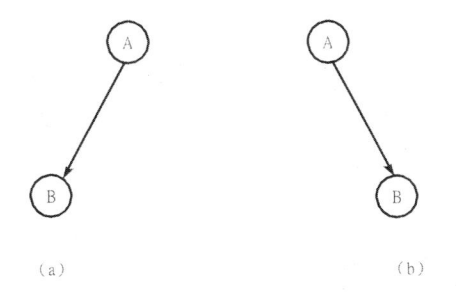

(a)　　　　　　　　　(b)

圖 6-23 兩個不同的二叉樹

6.5.1 三維圖元與模型

在三維世界中，組成場景最基本的元素稱之為圖元。最基本的圖元包括點、線、三角形、多邊形（由多個三角形組成）等，三維遊戲中最常使用的圖元是三角形，在最常用的 3D 建模軟體 3ds Max 中大量的三角形圍著一個閉合體就構成了三維物體模型。在三維軟體中任何的線、三角形與多邊形都需要"點"才能定位，這些定位的點稱為"頂點"。在 3D 虛擬世界中的物體是由頂點的集合而定義的。多邊形網格模型是一系列多邊形的集合，如果組成網格的所有多邊形都是三角形就叫作三角形網格。三角形網格是面的基本元素，是遊戲中最常用的模型表示方法，其他表示方法的模型都可以被轉換為三角形網格。而顯卡以及底層圖形 API 也只直接支援三角形的處理，通常評價顯卡性能的標準就是它的三角形繪製能力（幾十萬到幾百萬個三角形每秒）。其他建模方式最終都會由幕後程式轉換為三角形網格。

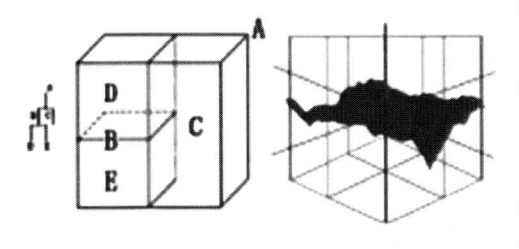

圖 6-24 八叉樹分割演算

曲面模型是另一種常見的模型表示方式，曲面模型又稱之為 NURBS 建模方式。與多邊形模型相比曲面模型優勢如下：

（1）曲面模型的描述更為簡潔，使用數學方程式來描述類似於向量圖形的描述。

（2）曲面模型表面更加平滑、細膩，使用曲面計算，沒有明顯的轉折痕跡。

（3）存儲空間小，只需要存儲數學公式與關鍵點加以計算，大幅度減少了資料的儲存。

（4）動畫和碰撞檢測更簡單和快捷。 目前，大部分主流顯卡已經透過各種方法提供了多邊形模型與曲面模型的相互轉換，但是三角形網格建模仍然是遊戲開發中最主要的創建模型的方法。

95

6.5.2 應用材質與貼圖

為了使三維世界更加真實，電腦圖形學參照現實世界引入了材質與貼圖的概念。材質類似於現實世界中的材料，比如布料、鐵等，而貼圖類似於相對某種材質的顏色或者說是花紋。例如，一塊金屬，有它自己的特性，受光以及反射周圍光的程度等的影響，這就是材質的基本特性。有了金屬後，我們可以對其進行加工，如印上花紋，這就是三維世界中的紋理貼圖。

6.5.3 光照計算

材質定義了一個表面如何反射光線，為光照計算提供了基礎。雖然光線並不是場景所必需的，但是沒有光線將使觀察場景變得非常困難。如果在處理光線的同時，加上對場景中陰影的處理，而且燈光的位置與材質特性符合現實中的要求，那麼，整個三維場景將會變得異常真實（圖 6-25）。

圖 6-25 場景中陰影的處理

教學導引

小結：

　　本章著重講述遊戲關卡設計中所需要的程式基礎，在程式基礎部分，主要講解電腦語言編寫、圖形學與 3D 圖形技術，應瞭解圖形學與 3D 圖形技術在遊戲場景中的具體運用。在本章中引入遊戲關卡設計的基本程式，瞭解遊戲數學基礎是遊戲程式開發的基礎，認識遊戲物理基礎在遊戲特效裡的運用，而具體程序在遊戲中的實施步驟在本章中沒有著重描述，本章僅對遊戲關卡設計的程式基礎的構成作簡要介紹，學生需透過專業的書籍在課後進一步學習，瞭解遊戲程式基礎在遊戲關卡中的具體運用。

課後練習：

　　1. 以遊戲物理相關基礎知識對一款角色扮演遊戲的其中一個標準關卡進行分析，瞭解遊戲物理基礎在遊戲中相對應呈現的物理效果。

　　2. 以圖形學與 3D 圖形技術中三維圖元與模型知識點，對《末日之戰》遊戲中的一個標準關卡進行分析。

第七章
遊戲關卡設計的美學基礎

園林設計

景觀設計

> **重點：**
> 　　本章著重講述遊戲關卡設計必須掌握的美學基礎知識，主要包括園林設計與景觀設計兩個部分的內容。透過本章的學習，學生可以切實地瞭解遊戲關卡設計所需的美學基本知識，透過對園林設計以及景觀設計的了解，為後續遊戲關卡中設計的場景佈置打下堅實的基礎。
>
> **難點：**
> 　　園林設計的全面瞭解與運用能力；能夠充分認識園林設計的四大類型與設計原則；景觀設計中關於設計原則的理解與掌握。

7.1 園林設計

　　園林設計的基本理念與構成方法對於遊戲關卡的設計美感發揮重要的作用，理解園林設計的基本理念與園林設計的構成方法對於關卡設計師設計遊戲視覺關卡具有指導意義。遊戲關卡設計操作過程中，鳥瞰的景觀方式最接近中國園林設計的基本方式。在即時戰略遊戲中大多採用鳥瞰的景觀方式，這種景觀方式使山川的分佈、資源的擺放、樹林的形狀都一目了然。自然的美感與人為的審美修飾永遠是關卡設計師追求的目標。所以，學習園林設計的相關知識就顯得尤為重要。

　　園林設計，在中國又被稱為"造園"，是指在特定的地域範圍內，運用園林藝術和工程技術手段，透過改造地形地貌、種植景觀植被、營造建築和佈置園路等途徑創造美的自然生活環境和遊憩境域的過程。透過園林設計，使環境具有美學欣賞價值和日常使用的功能，並能保證生態可持續性發展。

　　中國的園林設計，重在體現中國傳統文化天人合一的精神內涵，表達人與自然和諧相處的意蘊。其設計方式與思想更多為對意向的表達，需要我們身處其中，並慢慢體會。

7.1.1 中國園林的基本類型

1. 自然式園林

　　自然式園林又稱為風景式、不規則式、山水派園林。自然式園林在我國的歷史悠長，以周秦時代為起點發展至今，從大型的帝皇苑囿到小型的私家園林，多以自然式山水園林為主。自然式園林的顯著特徵體現在觀者在其中猶如置身於大自然，足不出戶便可遊遍名山名水。絕大多數古典園林都是自然式園林，古典園林以北京的頤和園、"三海"園林，蘇州的拙政園、留園為代表。（圖 7-1、圖 7-2）

　　自然式園林的佈局方式在國內角色扮演遊戲中最為常見，遊戲中地形地貌的設計、建築的樣式特點與佈局規劃、植被的選用法則，以及具體的空間佈局都依賴於自然式園林的佈局理念。

（1）自然式園林的特點

①地形地貌

　　平原地帶的自然式園林地形為自然起伏與人工堆砌的土丘相結合，地形的斷面為平緩的曲線。山地與丘陵地區的園林主要利用自然地形地貌，將原有的較為碎片化的地形地貌加以人工整理，使其貼合自然的同時又符合視覺審美情趣。

根據地形地貌的高低起伏，水體輪廓為自然的曲線，岸為各種自然曲線的傾斜坡度，如有駁岸也是自然山石駁岸。園林水景的類型以溪澗、河流、自然式瀑布、池沼、湖泊等為主，常以瀑布為水景主題。

在遊戲關卡設計中，平原地帶的設計應加入更多的地形變化，山丘與山地應呈線性排列，高低起伏，山脊線與湖泊邊緣應相互呼應。

②建築特點

園林內個體建築為對稱或不對稱均衡的佈局，而建築群和大規模建築組群多採取不對稱均衡的佈局。園林中自然形的封閉性的空曠草地和廣場，被不對稱的建築群、土山、自然式的樹叢和林帶包圍。道路平面和剖面由隨著不同地形地貌自然起伏的平麵線和豎曲線組成。

在遊戲關卡設計中，建築群落的設計應遵循中國園林的對稱或不對稱均衡的佈局，在對稱中加入變化，在不對稱的佈局中應多採用相同的建築元素，使人為的建築群落在自然景觀中錯落有致並更具整體性。

③植被

自然式園林內植被的種植呈不規則分佈狀態，以反映自然界植物群落的自然之美。花卉不採用模紋花壇的佈置形式，而是以自然的花叢、花群為主。樹木配植以孤立樹、樹叢、樹林為主，不以規則修建的綠籬為欄，自然的樹群透過合理佈局，帶來劃分園林區域和組織園林空間的效果。

在遊戲關卡設計中，應遵循園林設計中植物群落特點與自然狀態相結合的方法，應根據色彩、形狀對不同植被的具體擺放位置進行有節奏的分配，對植被自然生長狀態中的形態不予以過多的干涉，使整體環境既有人工設計的層次感，也有自然野趣的生機勃勃感。

（2）自然式園林的設計要領

①整體佈局

自然式園林採用全景式模擬自然或濃縮自然的構園方式，沒有明確的林冠線、建築、道路等規則性佈局，講究非對稱的自然美感。佈局上巧用高低起伏的地形地貌，因山就勢，明確分區，借助自然和野趣的風景，使園林與自然景觀和諧地融為一體，運用樓、台、亭、閣、堂、館、軒、榭、廊、橋、舫、照壁、牆垣、梯級、磴道、景門等作為相關建築設計的元素，達到回歸自然的境界。

在遊戲關卡設計中，對林冠線的合理運用可以使遊戲視覺關卡變得更為豐富多樣。自然與建築道路等整體佈局應注意建築群與自然景觀相互映襯，建築根據高低起伏的地形順勢而建，達到自然景觀與建築群落合二為一的整體環境效果。

圖 7-1 北京頤和園　　　　　　　　　　　　　圖 7-2 蘇州留園

②建築空間

　　樓、台、亭、閣、堂、館、軒、榭、廊、橋、舫、照壁、牆垣、梯級、磴道、景門等都是自然式園林的基礎建築。每一種建築都為景觀的一個節點，設計者透過運用借景、組景、透景、隔景等設計手法，將不同建築與天、水、氣、山、地等進行串聯，最終形成一個完整的自然式園林景觀，其建築的整體特點遵循點、線、面、起、承、轉、接，細部處理手法都較為接近，只有特殊的地理環境會衍生出特殊的建築結構，但基本的建築類型都包含在內。

　　在遊戲關卡設計中應合理並具體深入地瞭解每個建築的特點，並且瞭解每種建築在整個歷史中的形態變化。

③空間拓展

　　情懷空間的拓展為自然式園林空間拓展的主要形式。置身於自然式園林，透過樓、台、亭的高、中、低三種視角的變換，感受不同層次的空間變化以及與自然融合的三種不同方式。在遊戲關卡設計中，空間的拓展更多的是掌握玩家的心理狀態並能夠使玩家的心理空間在合適的時機得以釋放。理解並掌握空間拓展的方法，隨著玩家對不同建築空間的探索，以及周圍可視環境的變化給玩家帶來的情感體驗，時刻為玩家營造舒心、自然的遊戲氛圍，如登上樓台呈現在眼前的是開闊的園林全景，誤入幽徑可見樹影斑駁中隱現的休憩亭子等。

　　承德避暑山莊是自然式園林的代表之一，它按照地形地貌特徵進行選址和總體設計，借助自然地勢，因山就水。避暑山莊分宮殿區、湖泊區、平原區、山巒區四大部分。宮殿區的北面為湖泊區，湖泊面積（包括州島）約占 43 公頃（1 公頃=10000m^2），其中的 8 個小型島嶼將湖面分割成大小不同的區域，層次分明。湖區北面的山腳下為平原區，地勢開闊，東部古木參天，具有大興安嶺莽莽森林景象。避暑山莊的西北部為山巒區，面積約占全園的五分之四，這裡山巒起伏，溝壑縱橫，眾多樓堂殿閣、寺廟點綴其間，具有北方山區層巒疊嶂的壯麗景象。（圖7-3）

　　在遊戲《英雄無敵 3》中，關卡地圖的設計參照了自然式園林的設計方式。如圖 7-4，此 地圖關卡由 5 個島嶼組成，採用了以中間島嶼為圓心，四周島嶼呈對角對稱分佈的格局。中間 島嶼採用四面環水、後方丘陵、前方平原的地形佈局特點，整塊區域以中間島嶼為核心，四 周島嶼環繞、植被稀疏，中間島嶼林木茂盛綠樹成蔭，城堡周圍三面環山，形成依山傍水的 園林局勢。城堡後方丘陵環繞，山勢起伏跌宕。整個小島被不對稱的建築物、山丘以及自然 式的叢林和林帶包圍。

圖7-3 承德避暑山莊

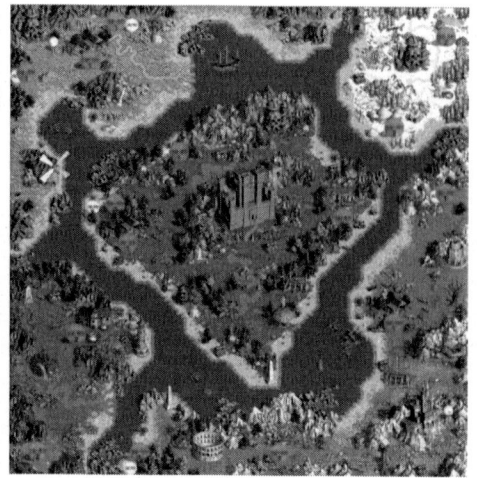

圖7-4《英雄無敵3》關卡地圖

2.寺廟園林

寺廟園林，指佛寺、道觀、歷史名人紀念性祠廟的園林。寺廟園林狹義上指方丈之地，廣義上則泛指整個宗教聖地，其實際範圍包括寺廟周圍的自然環境，是寺廟建築、宗教景物、人工山水和天然山水的綜合體。寺廟園林中以蘇州西園寺和北京西山八大處公園為代表（圖7-5、圖7-6）。寺廟園林是國內角色扮演遊戲中常用的一種園林設計方式。寺廟園林在遊戲關卡設計中的運用，常常弱化其宗教色彩，增加寺廟園林整體氛圍給玩家帶來的超脫感受。

（1）寺廟園林的特點

①地形地貌

寺廟散佈的區域較為廣闊，寺廟園林的選址通常在自然環境優越的名山勝地。寺廟園林的營造注重因地制宜，揚長避短，善於利用寺廟所處的地貌環境。利用自然景貌，如岩洞、溪流、清泉、深潭、奇石、叢林、古樹等要素；利用人造景觀，如橋、亭、廊、舫、堂、閣、佛塔、經幢、山門、院牆、摩崖造像、碑石題刻等相互組合，相互映襯，創造出富有天然情趣、帶有或濃或淡宗教意味的園林景觀。

②建築特點

寺廟園林因為其主要佔據名山大川，如泰山、武當山、普陀山、五台山、華山等宗教聖地，空間體量極大，視野開闊，具備了深遠、豐富的景觀和空間層次。其建築主要起畫龍點睛的作用，在整個山川中根據地勢特點與佛教文化安排不同的亭台樓閣分佈於山川景色之中，若隱若現。

（2）寺廟園林的設計要領

①整體佈局

寺廟園林共分為宗教活動與日常生活兩大區域。宗教活動區域由供奉偶像、舉行宗教儀式的殿堂、塔、閣組成，採用四合院或廊院格局，四周院牆呈中軸對稱，各個隔間的分佈規整有序，營造出神聖、莊嚴肅穆的氛圍。寺廟的宗教活動區在佈局上大多與寺廟的園林部分相隔離，有時也採用空廊、漏花牆設計，讓園林景色滲透進來。（圖7-7）

圖7-5 蘇州西園寺　　　　　　　　　　　　　圖7-6 北京西山八大處公園

②建築空間

寺廟的建築形式比較固定,主要包含塔、廟、寺、大殿等。時代的變遷會促使寺廟建築發生演變,但其主要的功能沒有發生大的變化,在建築的結構上也較為固定。建築體量在整個大山的對比下顯得極為渺小,能夠正確地運用地勢與植被分佈,將這些人為的點加入大自然的環境中,並能夠透過點的作用體現宗教文化的特點是寺廟建築的核心理念。(圖7-8)

③空間拓展

寺廟園林設計主要依賴自然景貌構景。其空間的拓展主要採用人為景觀結合自然景的方式。以園林構景手段,改變自然環境空間散亂無章的狀態,加工剪輯自然景觀,使環境空間上升為園林空間。善於控制建築尺度,掌握合適的建築體量;運用質樸的材料與素淨的色彩,造就素雅的建築格調,將人與自然完全融合,從而達到超脫的境界。如北京的永安寺是寺廟園林的典型案例之一,永安寺依山勢而建,整個寺廟分為三層。建築與山頂的白塔形成一條軸線,營造出宗教所特有的神秘莊重的氛圍。(圖7-9)

在遊戲關卡設計的過程中,寺廟園林樣式較為固定,只需掌握基本的建築造型特點,而寺廟園林的難點是將不同的建築置身於整體的自然環境中,使自然環境得到昇華。

玄幻類題材的遊戲中寺廟園林的景觀較為多見,其中雖然帶有誇張的成分但在整體佈局上基本遵循寺廟園林景觀的佈局方法。(圖7-10)

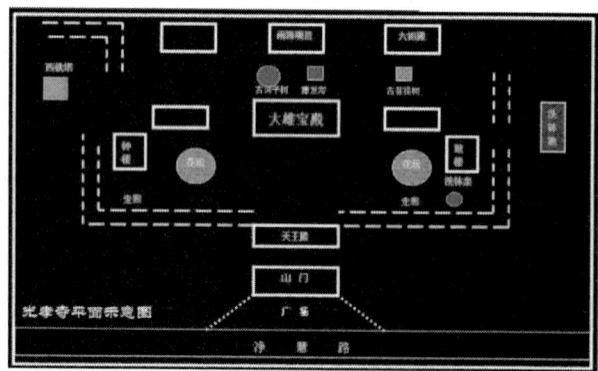

圖 7-7 光孝寺平面示意圖

圖 7-8 武當山寺廟建築

圖 7-9 北京永安寺

圖 7-10 玄幻類遊戲寺廟

3.皇家園林

皇家園林又被稱為"苑""囿""宮苑""園囿""御苑"，一般建在首都附近，與皇宮毗鄰，是皇上的私家宅園，又稱為大內御苑。北京頤和園承德避暑山莊為皇家園林的代表。（圖 7-11）

在遊戲關卡中體現皇家園林的特點有很多固定的模式，直接挪用現有皇家園林局部的方法更有利於遊戲視覺關卡設計的視覺呈現。

（1）皇家園林的特點

①地形地貌

皇家園林一般面積較大，由多個子區域景觀共同組成，子區域之間相互聯合成氣派的皇家園林。皇家園林包含的內容豐富，主要以自然形成的地貌為主，一般包含自然的山、湖、島和樹林等。皇家園林多處北方，在建築制式、裝飾色彩、綠化種植方式上也受北方園林風格的影響，在造園方式上會有部分江南園林的縮影，但因其地貌特徵顯著，體量巨大而展現出北方園林的特殊風格。（圖 7-12、圖 7-13）

②建築特點

皇家園林多採用"園中有園的手法"，以軸線的佈局方式相互連通，建築與風景相互配合與借用，皇家園林同時兼有生活與觀賞作用，在設計上建築的類型非常豐富，與皇家生活密切相關的行政、起居、飲食等都包含其中，皇家園林的建築更多體現皇家的心境與氣派，建築材料的選用與建築結構的精美都發揮到了極致，在皇家園林中經常使用名貴木材作為建築的核心構架。並且徵用全國的能工巧匠建造，創造出整個建築不用一顆鐵釘依然千年不倒的神話。

（2）皇家園林的設計要領

①整體佈局

皇家園林的整體佈局與中國風水學息息相關，在佈局中經常使用三面環山、一面環水的空間佈局，空間體量巨大，必須從整體出發，將附近所有景觀都囊括在內。整體佈局不拘小節，可以填水造山，最終目的是營造一個良好的風水佈局。風水學也因為皇家園林的選址與規劃大規模興起。

②建築空間

皇家園林的建築空間體量巨大，單體建築會比普通建築更加宏偉，又因為其功能複雜，設計者根據上百種功能將其轉換為複雜的建築空間群落，每一個園林景觀內部都有完善的配套建築，最終形成建築群。皇家園林的建築群與自然景觀相互融合最終產生面積效應。在中國諸多景觀類型中，只有皇家園林可以做到以面取景，即建築群落本身就是一個獨立的與整體園林相呼應的景觀，氣勢豪邁。

③空間拓展

皇家園林的拓展核心為內心拓展，觀者在皇家園林游賞時最大的感受是"一覽無餘"。

頤和園是皇家園林的代表之一，其占地面積 293 公頃（2930000 平方米），由萬壽山與昆明湖兩部分組成。各種形式的宮殿園林建築 3000 餘間。

圖 7-11 北京頤和園

圖 7-12 北京頤和園

圖 7-13 承德避暑山莊

大致可分為行政、生活、遊覽三個部分。頤和園自萬壽山頂的智慧海向下，由佛香閣、德輝殿、排雲殿、排雲門、雲輝玉宇牌樓構成了一條層次分明的中軸線。山下是一條長700多米的長廊，長廊前是昆明湖，並仿照西湖的蘇堤建造了昆明湖的西堤景觀。萬壽山古木成林，有寺廟、蘇州河古買賣街。後湖東端有仿無錫寄暢園而建的諧趣園，小巧玲瓏，被稱為"園中之園"。（圖7-14）

皇家園林面積大，分佈廣泛，並且講究風水學。在遊戲關卡設計中可以直接借鑒已有的皇家園林的佈局，內容上稍做調整即可。

因為皇家園林整體規模較大並且由多個部分組成，所以一般小型遊戲不會出現如此大規模的景觀。大型玄幻類遊戲使用皇家園林造景方式主要在遊戲作品的高潮部分，或者在遊戲的一個獨立關卡中。網路版《劍俠情緣3》中南詔皇宮這一關卡設計整體採用的就是皇家園林的造景方式（圖7-15）。

圖7-14 北京頤和園　　　　　　　　　　　圖7-15 《仙俠情緣3》中的南詔皇宮

4.私家園林

中國古代園林，除皇家園林外，還有一類屬於王公、貴族、地主、富商、士大夫等私人所有的園林，稱為私家園林。古籍裡稱之為園、園亭、園墅、池館、山池、山莊、別墅等。私家園林集中在南京、蘇州、無錫等富饒且遠離政治中心的地方。

私家園林在遊戲中出現的頻率較高，並且內容豐富，形式變化多樣。在玄幻類遊戲中，從怪獸的巢穴到蓬萊仙境都有私家園林的影子，私家園林設計中需要對景致進行合理的安排。

（1）私家園林的特點

①地形地貌

私家園林規模較小，一般只有幾畝（一畝約等於666.67平方米）至十幾畝，小者僅一畝半畝。整體地形地貌都為人工堆砌，高低錯落，水體為其主要構成。私家園林主要以水面為中心，按照方位對建築進行環繞式佈局，整個園林由一個主景與多個配景構成，氣勢較大的私家園林會有多個中心景點。

②建築特點

私家園林多為具有文人氣質的王侯將相居住,文人氣質對園林建築風格發揮決定性的作用。建築立意雅致、做工細膩、造景精緻,景致內部還多以精細而具有文化氣息的擺件作裝飾。單體建築較為收斂,以低寬為主要特徵,建築功能佈局分明,建築造型經得起細細品味,意蘊層次變幻多樣,突出文人私家園林的精緻婉約。

(2)私家園林的設計要領

①整體佈局

私家園林整體採用靈活、不規則、內向式的佈局方法,將建築背朝外而面朝內,圍成一個相對私密的空間,以園林中的水面為中心,岸邊疊石置山,種植草木,以達到豐富空間層次變化的效果。(圖7-16)

②建築空間

私家園林建築類型較為簡單,空間利用較為緊湊。道路佈局以功能為主,建築單體與建築內部的修飾是私家園林建築的核心,建築單體頗為精緻,亭台樓閣都為皇家園林的微縮版,經常在單體建築上雕龍刻鳳、題字作畫,以增加其文化內涵。

③空間拓展

修身養性為私家園林空間拓展的主要目的,閒適怡情為園林的主要功能;私家園林多為文人學士出身的高官住所,格調講究清高風雅、清新脫俗。受空間大小與區域範圍的限制,私家園林更講究源於自然且高於自然心靈空間的塑造。

私家園林巧妙地運用了對比、襯托、對景、借景的造景方式,使用空間的尺度變換、空間層次配合、以小托大、以少勝多等多種造園技巧和手法,將亭、台、樓、閣、泉、石、花、木組合在一起,使整個園林詩情畫意,表現出文人寫意的園林風格,創造出人文環境與自然景觀相互交融的居住場所。(圖7-17)

私家園林在玄幻類遊戲中經常出現,在遊戲中的城鎮部分經常會使用私家園林的造景方式,大部分王侯將相的宅邸都採用了此類型佈局。《新逍遙江湖》中的成都王府就是採用了私家園林的造景方式。(圖7-18、圖7-19)

圖7-16 山東濰坊私家園林

圖7-17 蘇州留園

圖 7-18 《新逍遙江湖》中的成都王府

圖 7-19 《新逍遙江湖》

7.1.2 按照所處的地理位置分類

1.北方園林

北方園林以皇家園林為代表，所有的宮廷園林都占地較廣，平面佈局嚴謹，雄偉壯闊，厚重沉穩，並且結合著江南園林的特點。這些郊外的園林面積廣大，土地肥沃，在農業生產及都城水利中也發揮著重要作用。北方園林中，以北京頤和園和圓明園為代表。北方園林的特點如下：

（1）整體佈局

北方園林占地頗廣，景別劃分嚴謹有序，視野極為開闊。整體佈局在強調中心的基礎上突出主體，涇渭分明。

圖 7-20 北京頤和園

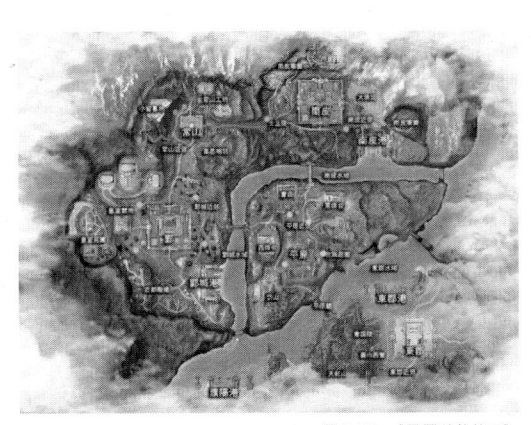

圖 7-21 《三國英雄傳 2》

圖 7-22 蘇州獅子林

（2）空間層次與序列

北方園林多體現視野的開闊、氣勢磅礡、整體與局部的呼應關係以及點線面體的遮擋關係。空間佈局為軸線對稱，這也是北方園林最明顯的空間特點，不同類型的園林在軸線和對稱的程度上有所差異。皇家園林的軸對稱最為嚴格，園林的軸線與宮殿和住宅的軸線一致，成為宅區軸線的延伸。中軸線上置最重要的大門、廳堂、宮殿、甬道、水池等小景。越靠近中心地理位置越高、景別越精緻，越靠近邊緣視野越開闊。

（3）空間的拓展

以山為邊、以雲為界的造景理念使北方園林對於觀者內心的塑造成為空間拓展的核心，觀者在任何一個景別都可以一覽無餘地觀看到山、水、樹等大型景觀，這使觀者心曠神怡的同時又心懷坦蕩。

在大型園林中，頤和園的對稱主要表現在萬壽山的建築上，圓明園的對稱表現在福海的西湖十景、九洲清晏的環湖九景、西洋樓景區的一路景觀。故宮四園、景山都是嚴格對稱；而恭王府花園、可園、樂家花園、十笏園等則是不同程度的景點對稱。對稱觀點與道家的陰陽互補、儒家的文臣武衛等概念有直接關係。（圖 7-20）

北方園林氣勢宏偉，一個大的整體由多個區域共同組成，在即時戰略遊戲《三國英雄傳 2》中能夠鳥瞰北方園林的部分或者全部的景觀，如圖 7-21。

2. 江南園林

南方人口密集，所以園林面積小，又因河湖、常綠樹較多，所以比較細緻精美。淡雅樸素、曲折深幽、明媚秀麗是江南園林的風格，但因為面積小，略感局促。江南園林以江南"四大名園"為代表，即南京瞻園、蘇州留園、拙政園、無錫寄暢園。除此之外，上海豫園、南京玄武湖、杭州西湖、揚州個園、何園、蘇州滄浪亭、獅子林（圖 7-22）等都是江南古典園林的典範。江南園林的特點如下：

由於江南園林佈局精美，錯落有致，是遊戲中小景別佈景的重要參考依據，正確地理解江南園林的基本構成樣式與空間層次以及序列安排對遊戲關卡設計有著重要的作用。

（1）整體佈局

江南園林為立體式園林，園林整體佈局緊湊精緻，每一個景別都會與相鄰幾個景別相互輝映，產生以小見大的效果，景別中近景、中景、遠景層次豐富，不但具有縱深延續的效果而且錯落有致。江南園林在整體佈局的設計中將植被類型與空氣濕度、氣味等感官體驗都考慮在內，使江南園林變為獨具一格的立體式體驗性園林。

（2）空間層次與序列

從立體的設計角度可以根據地勢將江南園林劃分為高、中、低三個空間層次，在任何一個觀景點都可以看到這三個空間層次相互交疊的景象。江南園林從平面佈局的角度設計應具有多個空間序列。多個序列來回穿插使江南園林猶如一幅山水畫卷，多視點佈局是江南園林的顯著特點。在設計的過程中應將整個園林劃分為幾個"主序列"，再由主序列擴展出相互聯繫的"子序列"，在主序列和子序列之間，道路形式與景別不做過大的差異化設計，使用江南園林的設計方式，最終使整個園林的景別與路線變成錯綜複雜的迷宮，迷宮路線的特點是其入口處會出現線性序列的景別，逐漸進入中央區域則轉換為環形序列相互交疊，出口又逐漸轉換為線性景觀序列。蘇州留園的亭台樓宇與園林景別之間的空間序列設計得頗為複雜，多處連通，方向模糊，配以小徑穿插使整個園林沒有明確的觀賞路線，是江南園林設計的典範之作。

高、中、低三個空間層次可以很好地緩解視覺疲勞。在角色扮演遊戲中迷宮路線的設計經常出現雷同，使玩家產生視覺疲勞，或是路線設計得過於複雜而失去遊戲的可玩性。在設計的過程中能夠按照主序列、子序列的方式規劃地圖並且參考南方園林的景觀特點可以達到事半功倍的效果。（圖7-23、圖7-24）

（3）空間的拓展

江南園林設計的基本藝術規律為：以小見大，虛中有實，實中有虛，或藏或露，或淺或深。江南園林透過對比的方式體現空間變化，透過觀者身處其中的內心感受與情緒嚮往塑造景外空間，使觀者在完成整個園林的遊覽之餘又產生陌生的心理感受。其目的是以有限的面積創造無限空間的聯想。（圖7-25、圖7-26）

如《仙劍奇俠傳 5》中園林的設計主要是參照中國江南園林的形式而設計的，結合了江南特有的文化特點，整體設計淡雅樸素。在空間的設計上，空間的延伸和滲透使空間分離的樓台與廊橋、院牆等，和園林的其他部分融為一體，借用大量的廊橋使被分離的空間相互連通。（圖7-27）

圖 7-23 《植物大戰僵屍》

圖 7-24 《新大話西遊》

圖 7-25 蘇州拙政園

圖 7-26 蘇州園林

圖 7-27 《仙劍奇俠傳 5》

圖 7-28 東莞可園

圖 7-29 東莞可園

3. 嶺南園林

嶺南是中國南方五嶺之南的概稱，主要包括福建南部、廣東全部、廣西東部及南部。嶺南山清水秀，植物繁茂，一年四季都是綠色，是典型的亞熱帶和熱帶自然景觀。著名嶺南園林有廣東的順德清暉園、東莞的可園（圖7-28、圖 7-29）和番禺的余蔭山房等。嶺南園林的特點如下：

（1）整體佈局

嶺南園林整體佈局主次分明，路線簡潔，有明確的區域劃分。嶺南園林的設計更注重情趣小景的設計，房屋與奇石、樹木相互結合，身處一方景賞另一方景，有無數精美細節可供品味。

（2）空間層次與序列

嶺南園林在空間層次的設計中利用樓閣或假山造成視線的差異，樓閣作用於視線的遮擋，假山作用於視野的開闊，這種空間層次的設計使觀者能夠從高處鳥瞰園林的整體風貌，並且能夠在低處相對狹窄的空間中細細品味園中每一個精雕細琢的建築風貌。空間遮擋的關係能夠很好地把握空間序列使整個空間序列變成環繞式，在不同的角度可以看到不同的景觀空間。在單個空間的設計中每一個空間序列都較為封閉，獨立成章。

（3）空間的拓展

嶺南園林的建築體量較小，構造簡易，建築的外形輪廓柔和穩定。在這種建築風格的帶領下，嶺南園林的空間拓展方式轉換為時間的延續，每一個景觀中都有很多可圈可點的細節可供觀者把玩，使觀者可以在每個空間中駐足較長的時間，去體會"外師造化，中得心源"的意境。

中國園林的設計方法龐雜無章，園林與景觀的佈置方式與理念更多地體現在文人雅士對精神層面的追求以及對風水玄學的研究。東方園林設計的審美情趣與審美方式較西方的景觀設計更難琢磨。在學習遊戲關卡設計的過程中應大量地閱讀園林類書籍，在設計遊戲關卡時應以各種園林的平面圖為參照，以培養遊戲關卡設計的審美。

109

7.2 景觀設計

　　景觀設計較中國園林設計更為具體,可操作性強。在景觀設計中,可用相關的具體資料配套遊戲中的景觀,如一個 10 米高的噴泉旁邊的水池的大小、樹木的高度、路面的開闊程度 等。正確掌握景觀設計的基本理念與基本方法可以為遊戲關卡設計帶來更可靠的參考依據。 在現代與科幻類型的遊戲中大多數的關卡是以景觀設計為基礎而設計的,如在《模擬城市》 這款遊戲中,玩家可以選擇相應的建築對其進行規劃設計,遊戲中配套的景觀都有固定的模 塊,這類遊戲就是依據景觀設計中的基本法則與固定模組而設計的。(圖 7-30、圖 7-31)

　　景觀設計發源於西方,是以城市環境與人文環境為核心而展開的環境改造行為,是近現代傳入中國的建築理念。景觀設計內容龐雜,分工明確,主要包含的專業有園林景觀設計、環境的恢復、敷地計畫、住宅區開發、公園和遊憩規劃、歷史保存,並且與建築設計、都市

7.2.1 景觀設計的要素

　　景觀設計立足於以人為本,所有景別與內容都圍繞著人類的生活與休閒展開,具有明確的功能性,每一個景觀設計都有其特殊的功能,但是所有的景觀設計中都具有不可或缺的五

圖 7-30 《模擬城市》

圖 7-31 《模擬城市 2》

要素：區域、道路、建築、植被、水體。不同類型的景觀對於五要素又有不同的側重。

1. 區域與道路

在景觀設計中，區域是景觀的載體，選擇不同的區域意味著不同的設計思路，道路是景觀的骨架與區域連接的網路。景觀道路的規劃佈置往往反映不同的景觀面貌和風格。更重要的是，景觀的設計可以滿足在此區域內的人們對不同功能的需求。（圖 7-34～圖 7-36）

2. 建築

建築是景觀設計的主體，在景觀設計中可以按照功能對其進行分類命名，如廣場、台地、階梯、堤岸、天井、庭院、庭廊等。將不同的功能區按照人類習慣進行規劃，最終形成多個獨立功能的景觀。（圖 7-37、圖 7-38）

在《模擬城市 4》遊戲中建築是整個遊戲的主體，電腦會按照景觀設計的基本規範自動計算此區域的建築高度，最終完成功能區域劃分，使建築高低錯落有致。（圖 7-39）

圖 7-32 印度古建築

圖 7-33 私家別墅景觀設計

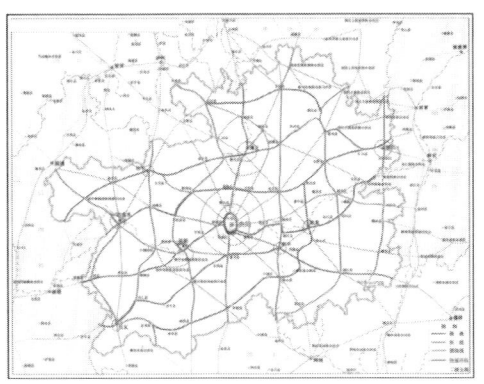

圖 7-34 區域

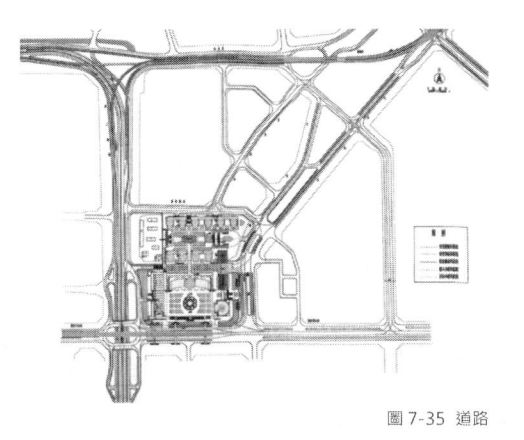

圖 7-35 道路

圖 7-36 《模擬城市 3》道路

圖 7-37 廣場

111

圖 7-38 天井 　　　　　　　　　　　　　圖 7-39 《模擬城市 4》

3. 植被

景觀中的植被是將自然狀態的引入與人工再造進行結合，是景觀設計中最重要和最常用的要素。景觀設計中按照植被的功能，將其分為草坪、綠籬、樹叢、花壇、藤架等。按照預期規劃，在適當的功能區種植合適的植被。（圖 7-40、圖 7-41）

植被在任何的遊戲中都必不可少，正確瞭解植被在景觀設計中基本的分類方式、搭配的原則與特點，可以使遊戲畫面更為精美。在遊戲《俠盜獵車 5》（圖 7-42、圖 7-43）中，西部城市的氣候特點配合高大的棕櫚樹顯示出異國風情。城市中使用了景觀樹與植被牆作為裝飾，都是遵循景觀設計的基本原則設計而成的。

4. 水體

水體分為自然水體與人造水體，景觀設計中通常以水體作為展開點，城市景觀與溪、泉、塘、潭、江、河、湖、海等形成了城市整體的環境狀態。水體的變化設計主要是將點狀、線狀、面狀的水體類型按照不同的功能加以利用。（圖 7-44、圖 7-45）

遊戲關卡的設計同樣也遵循景觀設計的方式，如圖 7-46《帝國時代 3》中的一個碼頭景觀，在設計上運用了人、水體、道路、草地、樹木等元素，因為碼頭邊緣靠近海水，氣候終年潮濕溫熱，對周邊建築採用竹樓式設計，竹樓離地而建，可通風防濕、防蟲。道路設計得曲折迂回，交通方便。採用草坪、楓樹等作為修飾。運用海水包圍的設計方式，增加了景觀的動感。海水中的船作為景觀設計中的元素，起到了點綴作用，使景觀完善、和諧。

《俠盜獵車 5》以極其真實的類比方式展現整個遊戲內容，海灘與遠處的橋都是按照園林景觀的佈局方式而設計的。（圖 7-47）

圖 7-40 植被 　　　　　　　　　　　　　圖 7-41 植被

圖 7-42 《俠盜獵車 5》 　　　　　　　　　　　　　　圖 7-43 《俠盜獵車 2》

圖 7-44 水體 　　　　　　　　　　　　　　　　　　圖 7-45 水體

圖 7-46 《帝國時代 3》

圖 7-47 《俠盜獵車 5》

7.2.2 景觀設計的類型

景觀設計的範疇因城市的進化不斷擴展，擴展的同時對內部進行不斷細化，學科交叉逐漸明顯，景觀設計的界限逐漸模糊。目前有以下四種可清楚界定且相關的實務類型：

1. 景觀的規劃設計

景觀的規劃決定了土地的使用計畫或政策導向等的發展，如住宅區域的規劃、工廠的建立、農業區域劃分、高速公路修建以及遊憩區域的佈置等。一切自然因素圍繞著城市的發展需要而進行規劃與合理利用。（圖 7-48、圖 7-49）

在遊戲關卡設計中，前期的區域性規劃更接近景觀規劃設計，而景觀規劃的理念對於遊戲關卡設計有著重要的指導意義。在關卡設計前期應充分考慮關卡內容與不同區域的功能。（圖 7-50、圖 7-51）

2. 基地規劃設計

基地規劃是將區域性土地按照其特殊的功能並根據使用計畫的需求，用科學的方法進行規劃設計。合理利用每一寸土地的價值，讓土地發揮其最大的作用。換言之，基地規劃就是區域性規劃設計與功能性規劃設計的總稱。常見的基地規劃類型有農業基地規劃、教育基地規劃、產業基地規劃等。（圖 7-52、圖 7-53）

圖 7-48 高速公路

圖 7-49 高速公路

圖 7-50 《凱撒大帝》

圖 7-51 《凱撒大帝 2》

圖 7-52 基地規劃設計

圖 7-53 基地規劃設計

圖 7-54 《星際爭霸 2》

　　基地規劃設計在多種遊戲關卡中都有應用，在遊戲關卡設計中按照遊戲目標進行區域性規劃。如圖 7-54 是《星際爭霸 2》一幅標準的 1V1 對戰地風雲圖，在地圖的設計中兩個玩家的地理位置與資源要基本處於平衡，所以地圖較為對稱，在地圖上下兩部分的資源區按照採礦的方式將資源設計為環狀，資源區的週邊為資源爭奪區，此地圖設計了三條路線，玩家在對壘的過程中會出現更多的戰術變化。地圖的中間區域為大規模對戰區域，此區域設計得較為開闊，同時充分利用不同的道路將這一區域劃分為多個子區域，使玩家在遊戲中對路線可以做更多的選擇。

3. 城市規劃設計

　　城市規劃是在已有城市的地理人文特點的基礎上分析研究城市未來的發展方向，對城市進行合理佈局與綜合安排，是一定時期內城市的發展藍圖。城市規劃也是城市管理的重要組成部分，城市規劃設計包括城市的規劃、城市的建設、城市的運行三個組成部分。（圖 7-55、圖 7-56）

　　在模擬類型的遊戲中，可以將城市規劃設計的特點展示得淋漓盡致。《特大城市》是此類型遊戲的代表之作，遊戲中玩家必須考慮後期城市發展所需要的空間、城市的功能規劃、城市的建設、城市的運行等諸多環節；同樣，關卡設計師在設計初期地圖時也應將城市發展所需的自然資源考慮在內。（圖 7-57、圖 7-58）

4. 局部景觀設計

局部景觀設計是區域功能的擴展，根據區域功能的規劃需要在不同的位置安排特殊的功能區，以滿足城市居民生活的具體需求。典型的局部景觀包括入口、平台、露天劇場、花園廣場、步行街、停車場等。

遊戲關卡的視覺設計部分更接近局部景觀設計，任何一款遊戲地圖的編輯都是從陸地或者海面，逐步劃分區域、規劃道路、調整局部景觀形態，直到最終完成遊戲地圖的設計。（圖 7-59～圖 7-61）

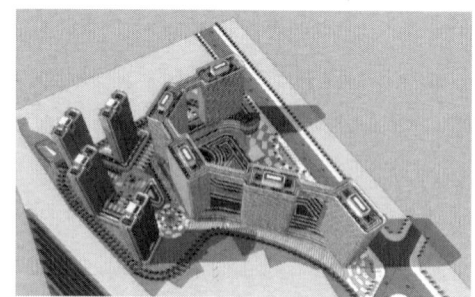

圖 7-55 城市規劃鳥瞰圖

圖 7-56 城市規劃鳥瞰圖

圖 7-57 《特大城市》

圖 7-58 《特大城市》

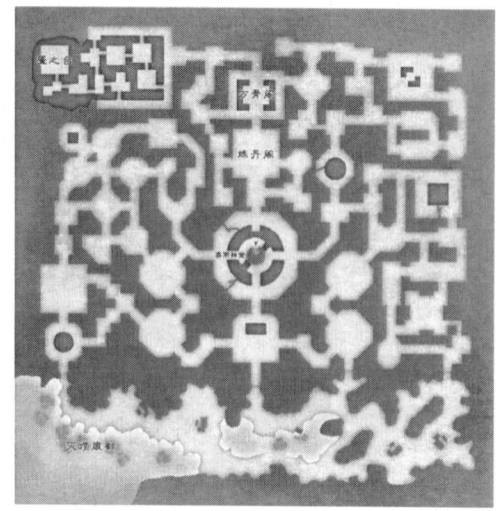

圖 7-59 《功夫 Online》遊戲地圖幻之都

圖 7-60 《大話西遊 3》場景圖

圖 7-61 《光環 4》遊戲場景

7.2.3 景觀設計的基本原則

1. 優化自然原則

優化自然是指在原有自然資源的基礎上，為拓展自然環境的功能性及觀賞性而進行的人為改造。自然資源包括原始自然保留地、歷史文化遺跡、山體、坡地、森林、湖泊及大的植物板塊。

遊戲關卡設計中也要體現出自然資源的合理優化，如圖 7-62 為《末日之戰 2》中的遊戲場景，此場景在攝取自然風光的基礎上將遠方的海水與近處的植被相結合，保留了環境的原生態，與整體景觀的設計相得益彰。

圖 7-62 《末日之戰 2》遊戲場景

2. 景觀整體性原則

在景觀規劃中，要注重整體化設計，從植被的形態與建築的關係以及植被色彩與環境色彩的關係入手，考慮四季的色彩變化與植被更替變化，將局部景觀的設計納入整個景觀的設計中。

3. 景觀個性原則

景觀的個性各不相同。在不同地理形態上，有以丘陵為主的地形地貌和以海洋為主的島嶼差異、森林植被的地域性差異、北方和南方氣候差異。景觀規劃時應根據自然規律創造出具有地方特色、個性鮮明的景觀類型。

景觀個性主要受環境區域分異規律的影響，通常在封閉環境中形成，在封閉環境中易於保持傳統特色，若打破封閉，景觀之間會出現無選擇的互相模仿而使其失去景觀個性。

中國傳統的古鎮由於長期保持相對封閉的狀態，導致風貌千差萬別，地方風格明顯，民俗情趣盎然，景觀特點上還保留著傳統文化的色彩，極具觀賞和審美價值。（圖 7-63、圖 7-64）

景觀個性原則在遊戲中的應用就是將相同功能的建築設計得更具有區域特色，如圖 7-65 是遊戲《特大城市》的中心街道一角，畫面中的建築雖然都無實際的功能，但其形式既富有變化，又相互統一。

圖 7-63 安仁古鎮　　　　　　　　　　圖 7-64 成都白鹿古鎮

圖 7-65 《特大城市》

7.2.4 景觀設計的基本方法

1. 整體佈局設計

　　整體佈局是景觀設計的前提，景觀的整體佈局首先應立足於功能區域的劃分，按照不同的功能區域特點進行佈局與構思。然後，再在具有基本的整體佈局的前提下進行景觀的構圖設計。

　　景觀的構圖包括平面規劃設計與立體造型設計兩個方面的內容。平面規劃設計：主要是將區域劃分、交通道路、綠化面積、局部景觀等用平面圖示的形式，按比例準確地展現。立體造型設計：在平面規劃完成的基礎上，選擇不同的視野與角度進行空間高度的設計，使區域之間有高度變化和空間層次，使局部區域能夠保持光線充足。

　　在遊戲關卡設計中必須遵循先整體再局部的方法，即按區域劃分、交通道路、綠化面積、局部景觀設計的順序進行構架。先平面再立體的方法也是遊戲關卡設計可以借鑒的優秀的設計方式。（圖 7-66、圖 7-67）

圖 7-66 《特大城市》　　　　　　　　　　　　　　　　　　　　　　　　　　　　圖 7-67 《特大城市 2》

2. 對景與借景

在景觀設計的平面佈置中有一定的建築軸線與道路軸線，在軸線盡頭安排一些相對的、可以互相看到的景物就叫對景。對景往往是平面構圖和立體造型的視覺中心，對整個景觀設計發揮主導作用。對景可以分為直接對景和間接對景。直接對景是視覺最容易發現的景，如道路盡頭的亭台、花架等；間接對景其佈置的位置可以隱藏或偏移，給人以"柳暗花明又一村"的心理感受。

借景同樣是景觀設計中最常用的手法。透過對建築空間進行組合或對建築本身進行設計，將遠處的景致變為當前景致的遠景部分，完成整個構圖的需要。如圖 7-68 為遊戲《激戰 2》中的一處景觀，此景觀的設計採用了對景與借景的設計手法，遠處的建築相對於近處的草地一目了然，給人以若隱若現之感，同時遠處的借山佈景，豐富了景觀的空間層次。

3. 隔景與障景

隔景是將環境優美的景致收入景觀中，用樹木、牆體來遮掩雜亂無章的景別。障景直接採取截斷行進路線的方式或者改變道路方向的方法使觀者轉向觀賞其他景別。

4. 引導與示意

引導的手法是多種多樣的，使用的方式也多種多樣，可以使用水體、鋪地等元素做引導。

示意的手法包括明示和暗示。明示指採用文字說明的形式，如路標、指示牌等小物體的形式。暗示可以透過地面鋪設、樹木的有規律佈置的形式指引方向。如圖 7-69《劍靈 2》中的景觀就運用了引導與示意的景觀設計方法，人物後方的小路起到了指引玩家的作用。

西方景觀設計的方式有理可依、有據可憑，景觀的佈置方式與設計理念更多以滿足使用功能為前提，並遵循理性化思維進行構建，著重考慮空間的組成、空間的形態，其中明確的方法論和具體的實施步驟可為景觀設計以及遊戲關卡設計提供較為詳細的參考。西方景觀設計較東方園林設計更具規律性以及理論性。在學習遊戲關卡設計的過程中，要大量閱讀景觀設計類書籍，同時還要掌握造景造型的規律與具體操作手法，使用景觀設計的操作方法進行大量的實踐，可以為遊戲關卡設計提供較好的理論支撐。

圖 7-68 《激戰 2》

圖 7-69 《劍靈 2》

教學導引

小結：

    本章著重講述遊戲關卡設計中所需要的美學基礎知識。著重講解了園林設計與景觀設計，學習過程中應該區分兩種景觀設計的原則，並能夠熟練運用不同景觀的特點設計出較為簡單的場景。在本章中引入了最具代表性的場景設計風格：中式的園林設計、西方的景觀設計。掌握遊戲關卡的美學基礎是遊戲關卡制作的前提，能夠熟練地運用不同風格設計基本元素是合理佈局關卡場景的前提。具體園林設計與景觀設計的實施步驟沒有在本章中著重描述，本章僅對其基本構成元素以及特點、設計原則進行簡要介紹，學生需在課後透過專業的書籍進一步學習。

課後練習：

    1. 分析一款角色扮演類遊戲關卡場景的設計風格，並對其中優秀的景觀設計項目進行拆分，再重新組合。

    2. 使用 Photoshop 軟體，用簡單的園林設計構成元素或景觀設計構成元素，設計一款簡單的遊戲關卡場景。

第八章
優秀遊戲關卡賞析

《機械迷城》關卡賞析
《開心消消樂》關卡賞析
《極品飛車》關卡賞析

8.1 《機械迷城》關卡賞析

8.1.1 遊戲關卡設計特點

《機械迷城》（圖 8-1）是一款冒險類遊戲，其特點是玩家可以透過控制遊戲情節中的一個角色與其他電腦角色進行對話、交換道具等，最終達到通關的目的。

圖 8-1

在《機械迷城》中，遊戲的目標是使機器人 Josef 尋找到自己的機器人女友，每個關卡都有不同的任務，透過完成每一個關卡最終實現遊戲的總目標。

此遊戲共由 35 個關卡組成，每一個關卡都有自己的命名，如第 1 關卡 "廢墟重生"、第 4 關卡 "逃離燃燒室"、第 8 關卡 "樂隊"、第 19 關卡 "廚房"（女機械人）、第 22 關卡 "有 投影機"（圖 8-2）、第 35 關卡 "酒吧地下室"（圖 8-3）。

此遊戲的操作方式簡單，主要依靠滑鼠點擊和拖動動作完成。遊戲的主要內容是：玩家透過操控角色在場景內收集四處散落的通關道具，同時角色在場景內與其他機器人互動，了解它們的需求並解決問題，最後獲得通關必要的線索或道具，順利進入下一個遊戲關卡。

此遊戲節奏舒緩，遊戲的難度隨著關卡的遞進而增加。當遊戲的難度超出玩家的能力范圍時，玩家可以透過完成一些簡單的小遊戲來獲取相應的通關攻略，透過這種輕鬆詼諧的小遊戲的設置，可以大幅度降低玩家在遊戲中產生的挫敗感，這也是此款遊戲一個非常突出的亮點。（圖 8-4）

在關卡設計中，每一個關卡的大小與空間都是有限的，一個較小的空間更容易使人集中精神尋找遊戲的答案。如圖 8-5、圖 8-6，此關卡會使玩家產生強烈的好奇心、焦慮感、困惑感、求知慾和探索欲。玩家在此類型關卡中一旦遇到難以解決的問題，就會產生較為強烈的焦慮感和困惑感，由此產生 "必須解決這個難題" 的心理狀態；當玩家解決了某個難題時，便會獲得短暫的成就感，從而刺激玩家繼續在關卡中尋找相關線索來推動遊戲故事情節的發展。

圖 8-2

圖 8-3

圖 8-4

圖 8-5

圖 8-6

123

在關卡設計中玩家的動機促成機制是關卡設計的重點。一般遊戲的促成機制是由玩家的初始性動機向慣性動機轉化的過程，當初始性動機引導玩家完成第一個關卡後，玩家受好奇心和探索欲的驅使，不斷地探索新關卡來推動遊戲故事情節的發展，並構成持續性動機；持續性動機促使玩家進行下一關卡的探索，形成重複性動機，重複性動機固化為玩家的習慣後，促使玩家不斷闖關，形成慣性動機；慣性動機將成為遊戲的條件反射活動，直至玩家通關。

　　一個優秀的遊戲關卡設計應該有完整的故事背景、劇情、腳本；各個關卡間難度合理，呈梯級變化；遊戲趣味性的合理展開（圖8-7、圖8-8）。一個優秀的關卡可以使玩家釋放在遊戲過程中產生的焦慮或壓抑感，在透過一個難度係數較大的關卡後，應適當地給予玩家相應的獎勵，或用一種輕鬆的方式調節遊戲節奏，如一段小動畫或一段輕鬆的音樂。遊戲關卡的豐富性是遊戲關卡設計中應注意的基本問題之一，在遊戲中應避免同一元素在同一個關卡中重複出現。

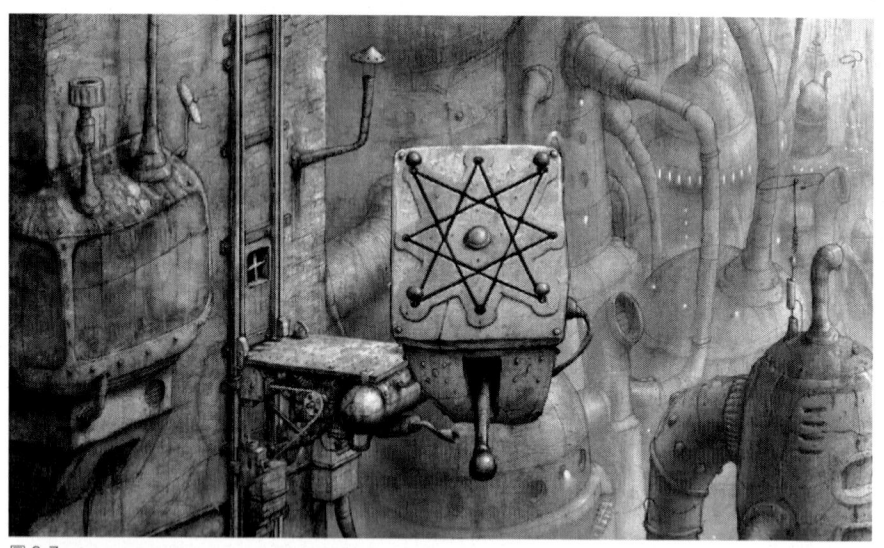

圖 8-7

圖 8-8

為了增加遊戲的交互樂趣以及關卡的耐玩性，常用的方法是增加支線任務與隱藏任務。為遊戲關卡設計師可以根據設定好的目標加入相關降低遊戲難度的支線任務，同時目標的完成也可以用一種間接的方式，而這種方式可以適當地降低遊戲難度。隱藏任務，即玩家需無意中觸發某類事件完成目標，這樣可以增加遊戲關卡的神秘感；隱藏任務可以給玩家帶來意外驚喜或意外傷害，在遊戲開始時就可以展開隱藏任務並且給予玩家豐厚的報酬，以滿足玩家的好奇心，刺激玩家在後續關卡中不斷尋找隱藏線索或道具，從而增加關卡的可玩性。

以上為一個合格的遊戲關卡設計必須具備的條件。要想成為一個成功的關卡設計師，必須不斷地提升自己的專業素養，不斷積累遊戲關卡設計經驗。一個優秀的遊戲關卡可以給玩家帶來更好的遊戲體驗。

圖 8-9

圖 8-10

圖 8-11

8.1.2 美術風格

在遊戲畫面風格的設計上，該遊戲採用了蒸汽朋克美術風格，在同類遊戲的美術風格中獨樹一幟，純手繪的方式增加了畫面的親和力，泛黃的色調使畫面更具歷史年代感。（圖 8-9～圖 8-11）

1. 從透視的處理手法上分析

圖 8-12 為《機械迷城》的概念設計圖，畫面風格為寫實幻想類手繪風格。這種以平行畫面的中線為視平線的透視角度，使場景一目了然，主體建築物造型明確，任務道具也清晰完整地展現在遊戲畫面中，在橫版的過關類遊戲中多採用此類處理手法。

該遊戲陳舊的畫面、人跡罕至的建築群場景，營造出落魄、寂寥的氛圍。建築物牆面脫落，鋼鐵鑄造的物體上鏽跡斑斑，展現出這座廢棄鋼鐵城的殘敗景象。

畫面整體色彩運用了中明度弱對比的暖黃色調，近景色彩偏黃紅色，純度較高；遠景偏藍灰色，純度較低。色彩冷暖對比拉開了前後景的空間關係，使平面的畫面更具縱深感。場景整體為水準構圖，構圖飽滿而深遠，畫面的空間感強。

此場景畫面屬於中等較強的空氣透視。近景刻畫細致，色彩純度高，明度對比強烈；中景刻畫適中，色彩純度較弱，明度對比較弱，色彩的冷暖關係較為突出；遠景使用概括的處理方式，色彩傾向不明顯，輪廓模糊。透視角度採用的是成角透視下的俯視角度，視平線位於近景中的橋，即橋與遠景的交接處。

圖 8-12

2. 從景別劃分的處理手法上分析

圖 8-13 畫面的近景中，工廠的外部橋體、路面和工廠一個房間的入口為畫面的視覺中心，是整個場景畫面中所占面積最大的建築物。其採用了歐洲廢舊工廠的建築風格，利用左邊小面積的建築平衡了畫面，造型上多運用機械的零件及構造，凸顯出陳舊的工業氣息。在色彩方面，主色為低明度的黃色，與中景、遠景的藍灰色形成冷暖對比，使場景具有縱深感。

中景為一個工廠城堡，周圍還有許多廢棄的廠房，參差不齊地排列著。色彩方面整體明度較低，色調為中性色調，以突出破舊壓抑的氣氛。

遠景中有幾個相連的工廠，工廠的造型汲取了歐洲現代化工廠建築的特點。建築物繪製模糊與畫面整體風格統一。天空較為明亮，透過空氣透視逐漸與建築物相接，打破了畫面沉悶的氛圍，增加了畫面的透氣性與縱深感，與近景畫面形成了鮮明的對比，疏密有致。

圖 8-13

8.1.3 遊戲關卡分析

下面以《機械迷城》中幾個具有代表性的關卡為例，詳細解析此款遊戲中關卡的設計思路與設計方法。

如圖 8-14 為第 4 關卡"逃離燃燒室"。本關卡的遊戲流程為：遊戲主角從右側視窗逃出 燃燒室後被發現；胖子機器人在偷吃了碳後從右上側窗口逃走；玩家需要按照相同的路徑完 成此關卡。該關卡將一個簡單的開關設計成組合開關的方式，為遊戲增加了更多的可能性， 使關卡變得更豐富。

玩家要想通關就必須拿到掛在牆上的鑰匙，然後走到畫面中間的鍋爐處，打開開關。開關有三個，分別表示鍋爐上方機械手的三次動作：將開關拉到上方，機械手會下落抓束西；拉到下方，機械手會迴圈一圈；開關放在中間，機械手停止工作。只有將三個組合開關調至正確的位置，角色才能有足夠的時間跳上礦車，順利逃亡。

第 8 關卡 "樂隊"，是一個多內容組合關卡，玩家需要在關卡內完成多個動作才可以通關。此類關卡設計的方式是將多條平行主線聚合為一個關卡節點，關卡內部的線索沒有前後邏輯關係，但必須是多工共同組合才能完成。此類關卡主要考驗玩家的創造力與判斷力，玩家需透過邏輯思維判斷並結合生活常識來獲得線索或提示。（圖 8-15、圖 8-16）

圖 8-17 為本遊戲一個經典的多關卡聯合的組合關卡。多個遊戲關卡的內容有機地組合起來來展開遊戲情節，各個關卡之間相互聯繫又相互區別，道具和線索與關卡密不可分，缺一不可。多關卡聯合大大提高了獲取遊戲線索的難度，在增加難度的同時也延長了遊戲時間。本關的總目標為：越過漏水處進入迷城。故事情節展開後根據物理學原理，凡是由電路構成的機械都不能碰水，否則會導致線路故障，需得到機器人大媽的雨傘後才能走過去。而獲得大媽雨傘的方法是用小狗和大媽進行交換。獲得小狗的方法是用油將小狗吸引至岸邊，一槍

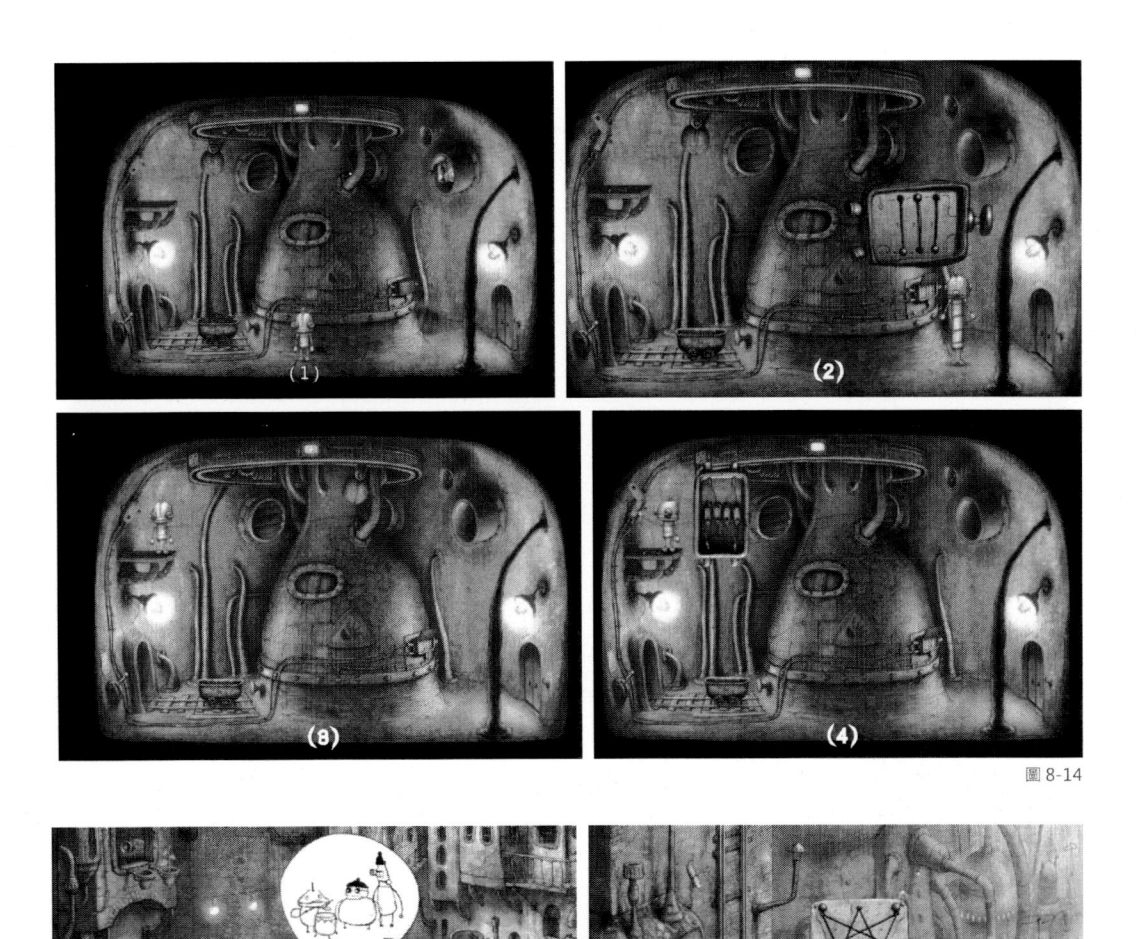

圖 8-14

圖 8-15

圖 8-16

射中小狗。然後拿著小狗和機器人大媽手中的雨傘進行交換。操作步驟：利用夜光鐘打開第一個門，在打開櫃子時會彈出小遊戲，玩家順利完成小遊戲後獲得手槍。隨著小遊戲的不斷推進，使玩家獲得成就感並激發玩家繼續遊戲。當玩家拿到第二個門內天花板上的皮撐子後與槍進行組合射中小狗（這裡使用了特殊的道具，在有效降低遊戲暴力性的同時激發了玩家的想像力）。在關卡設計中一個簡單爬上控制台的動作大大提高了遊戲的難度，玩家只有將垃圾箱推回遠處，利用垃圾箱爬上控制台，然後利用油罐到達右邊河岸。

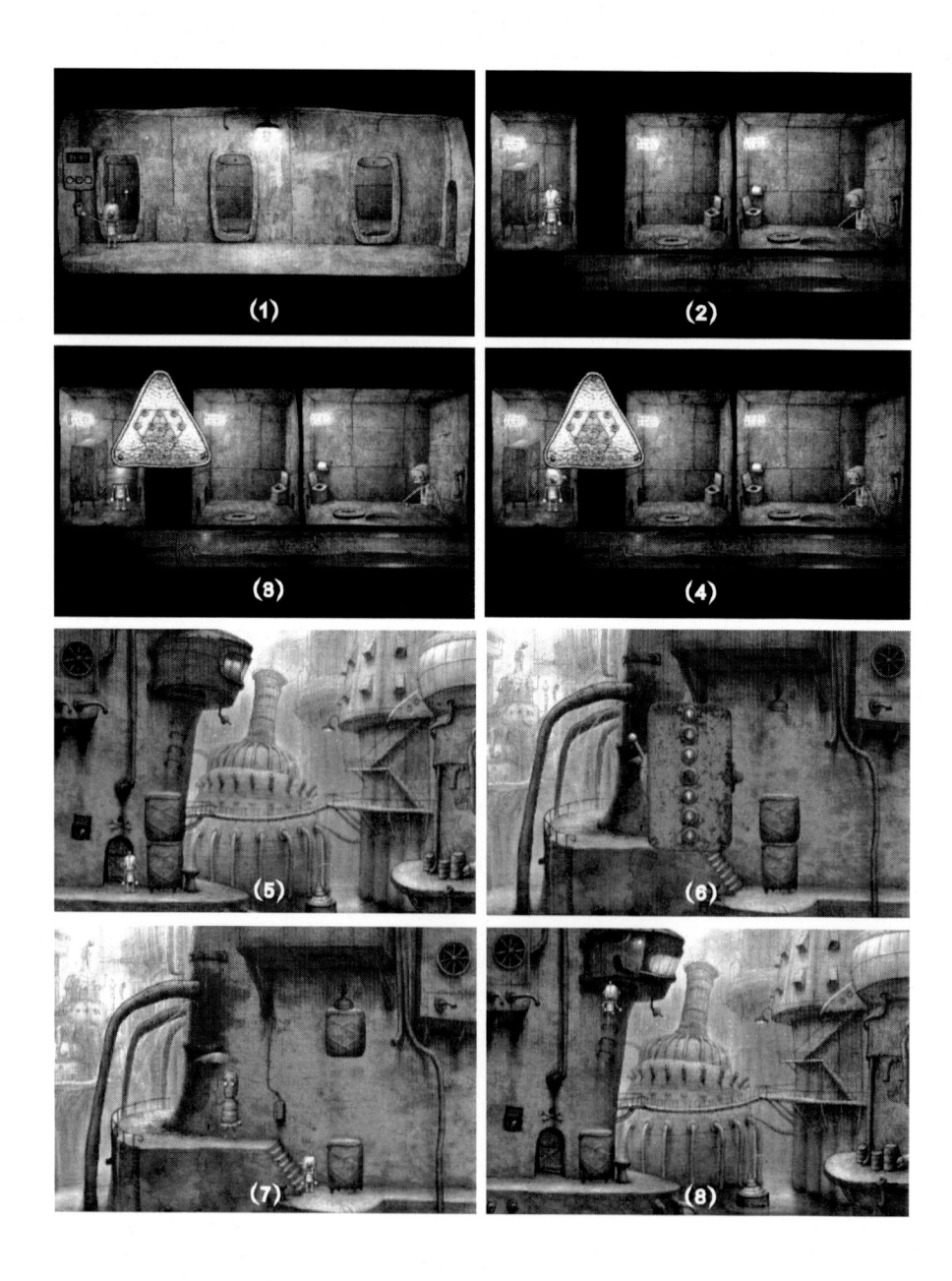

圖 8-17

8.2 《開心消消樂》關卡賞析

8.2.1 遊戲關卡的設計特點

《開心消消樂》是一款休閒娛樂型的策略類消除遊戲。遊戲中玩家需要開動腦筋精心設計每一步，才能在不同關卡模式中完成目標任務。遊戲畫面清新亮麗，音樂動聽。遊戲關卡豐富，挑戰方式多樣，玩家在遊戲過程中可以不斷發現新樂趣。該遊戲以憨厚的小熊、快樂的小雞、淡定的青蛙、狡黠的狐狸、深沉的貓頭鷹、穩重的河馬等動物為原型設計消除方塊，極富趣味性，遊戲受眾廣，男女老少皆宜。該遊戲最大的特點是：操作簡單，只需用手指滑動螢幕調換兩個相鄰的不同動物的位置，至少將橫向或豎向上的 3 個相同的動物方塊連在一起，即可消除。如果畫面中無動物可消，系統則會自動調換順序，出現新的遊戲畫面。遊戲中會隨機出現 3 種特效，利用特效可以幫助玩家順利通關。

該遊戲關卡不設上限，隨著關卡的更新，破解關卡難度係數逐漸增加。目前，關卡種類有：分數結算關卡、指定消除關卡、獲得金豆莢關卡、雲朵關卡等。（圖 8-18 至圖 8-21）

《開心消消樂》（圖 8-222）遊戲的介面與風格相匹配，ICON 採用擬物化設計，造型獨特，增加了遊戲的趣味性。《開心消消樂》中特定的遊戲關卡下，都給出了明確的通關任務，圖 8-23（藤蔓樹）是消消樂關卡主線地圖，隨著關卡挑戰的不斷深入，玩家會不斷向上攀爬，直至到達神秘的雲端。好奇心驅使的初始性動機使玩家順利地完成第一個關卡。整個遊戲在激發玩家通關的同時不斷更新關卡，遊戲的不斷更新促成了玩家的持續性動機。由於此款遊戲的關卡設計目標明確、創新度適中、難度梯度搭配合理，玩家在不斷遊戲的過程中最終形成了重複性動機。成功闖過數百關卡後，重複性動機固化為玩家的習慣，形成慣性動機。在慣性動機驅使下，不斷完成通關任務則成為玩家不斷破解遊戲關卡進入下一關卡的根本動力。

該遊戲必須完成上一關卡規定的任務後才能進入下一關卡。根據任務規定，在規定的步數或者時間內，結合道具打碎全部冰塊、獲得規定的分數或獲得規定數量的豌豆莢，即可進入下一關卡或開啟隱藏關卡。如果操作步驟錯誤，可利用道具返回上一個操作。若在規定時間內沒有完成任務，可利用道具增加時間直至通關。隱藏關卡的開啟方法分為風車幣開啟或星星達到規定數量開啟。如圖 8-24 為 第 23 關，本關目標：用 24 步獲得 3 個豌豆莢。通關辦法：打碎冰塊，使 3 個豌豆莢落入底部。找到三 只或三隻以上可以連成一條直線的同類動物，消除這些動物即可打碎底部冰塊，排除豌豆莢往下落的 障礙物。步數用得越少，獲得的分值就越高，至少獲得一顆星才能成功進入下一關卡。

圖 8-18

圖 8-19

圖 8-20

圖 8-21

圖 8-22

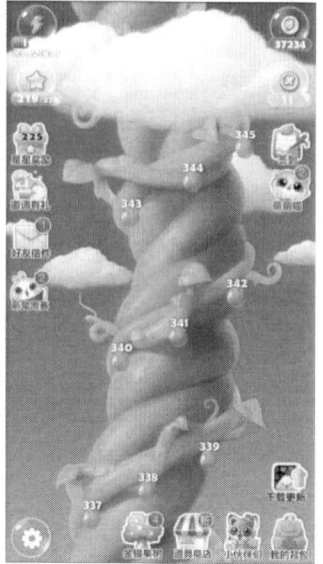

圖 8-23

確定本關卡任務目標、起始狀態、消除過程、道具利用、完成任務目標通關構成遊戲的關卡內容。不同種類的關卡，確定任務目標的方式也不同。如分數過關：在一定步數或時間內，只要獲得的分數達到一星標準即可過關。指定消除：在一定步數內，消除的冰塊、雪塊、目標小動物、直線特效、爆破特效、魔力鳥特效、寶石等數量達到關卡要求（關卡中右上角目標）即可過關。獲得金豌豆莢：在一定步數內，將足夠數量的金豌豆莢移動到收集口處即可過關。雲朵關卡：在一定步數或時間內，只要獲得的寶石數達到目標即可過關。

每個關卡起始狀態不同，可消除動物的數量也不同。消除過程中畫面會根據玩家操作而發生變化，隨機性較大，玩家需要有較強的邏輯思維能力和辨識能力，有策略地進行消除。在遊戲過程中儘量增加特效概率可以幫助玩家更快地完成任務，如圖 8-25；還可以透過合理地利用道具增加當前關卡的闖關率。（圖 8-26）

玩家完成任務目標後會得到星星或隨機的道具，順利進入下一關。如圖 8-27 第 86 關，本 關卡任務：25 步內打碎 14 個冰塊。解決辦法：遊戲過程中要先消除冰塊周圍的動物；交換動 物位置消除冰塊；氣泡包圍的動物會隨機發生變化，增加了遊戲難度；葉子冰塊和花型冰塊 較堅硬，需多次碰觸才能徹底消除，增強了破解目標任務的難度係數；消除過程中頂部不斷 出現的動物與消除動物後介面的變化增加了特效出現的概率，考驗玩家思維策略能力，提高 了用戶的交互體驗。當玩家不碰觸介面時，畫面中的動物會出現各種奇怪的表情，增加了遊 戲趣味性。玩家不斷消除動物獲得滿足感和成就感，激發了玩家遊戲的持續性動機，提高了 遊戲的耐玩性。

在交互體驗上，該遊戲注重簡單直接的用戶體驗，只需上下左右滑動即可消除動物，當玩家未及時找到可消除的動物時，系統會以小動畫的形式給予提示，人性化的設計豐富了用戶體驗。在遊戲過程中各種特效都有相應的顯示效果，如圖 8-28、圖 8-29 所示。

圖 8-24　　　　　　　　　圖 8-25　　　　　　　　　圖 8-26

8.2.2 美術風格

該遊戲介面採用 Q 版設計風格。Q 版卡通形象主要有以下特點：外輪廓形狀適當地誇張，如小雞的雞冠；抓住角色形態特徵，如青蛙的眼睛和嘴巴；大膽的色彩處理，各個角色的代表色；角色整體比例上大下小；等等。

圖 8-30 為《開心消消樂》手機遊戲端主頁面，使用了清新、活潑的設計風格。遊戲介面從上到下，頂部圖示密集、底部圖示稀疏，左側頂部圖示數量多於右側，右側底部圖示欄位置的設置避免了畫面"頭重腳輕"。

在色彩關係上，該遊戲介面屬於高亮調，整體色調以藍色和綠色為主，黃色和紅色為輔，色相對比多為鄰近色對比。

介面中綠色的巨型藤蔓和藍色天空背景使人感覺清新、活潑，圖示資訊 Q 版的表現形式位於螢幕的左側、右側和底部。頂部白色氣泡包裹藍色精力圖示，與精力值圖示和背景的藍色互相呼應，增加了色調的統一性。好友信件及萌兔周賽圖示色調以黃色為主，圖示右上角紅色的未讀資訊條，使畫面的冷暖對比和諧。畫面中圖標採用了黃色、綠色、紅色和藍色，豐富了畫面的色彩感。

整體結構佈局上，按照視覺流程，介面主要由左側圖示欄、中間當前關卡顯

圖 8-27

圖 8-28

圖 8-29

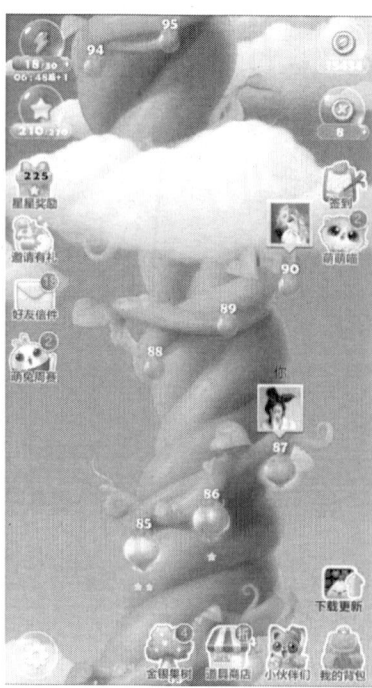

圖 8-30

示區域、右側圖示欄和底部圖示欄構成。整體佈局上，圖示大小相同，根據圖示位置擺放進行功能區域劃分，突出中間關卡資訊和視覺中心。遊戲介面中的所有圖示按照功能重要性進行位置擺放，以方便玩家遊戲。根據人體工程學原理，移動端手遊圖示形狀大且疏，介面中的當前關卡顯示了玩家的頭像（個人微信頭像或 QQ 註冊帳號頭像），不僅能快速分辨出玩家所在的關卡，還能找到好友並及時瞭解其所在位置。通關獲得的星星數量，決定著藤蔓結出果實的顏色，避免了資訊辨識度模糊。左側圖示欄由當前精力值、當前星星擁有數量、星星獎勵數量、邀請有禮、好友信件、萌兔周賽組成；中間當前關卡顯示區域由玩家目前所在關卡、好友關卡資訊分佈、已解鎖關卡星星獲得數、未解鎖關卡組成；右側由當前銀幣數量、風車幣擁有數量、簽到等組成；底部由金銀果樹、道具商店、小夥伴們、我的背包及系統下載更新提示組成。

　　圖示輪廓的具象化，如樹的輪廓代表金銀果樹活動，書包的外形經過 Q 化設計，提高了圖示功能的辨識度。底部商店、背包等圖示被擺放在常用圖示的位置上。遊戲開發商主要靠玩家購買風車幣等進行盈利。（圖 8-31 至圖 8-34）

圖 8-31

圖 8-32 　　　　　　　　圖 8-33 　　　　　　　　圖 8-34

8.3 《極品飛車》關卡賞析

《極品飛車》從1994年第1代到如今第19代，經歷了19個版本，跨越了22年，是競速遊戲的代表之作。競速遊戲強調真實的刺激感和速度感。隨著時代的進步與軟硬體技術的革新，在《極品飛車》系列遊戲發展的過程中市面上也湧現出了一大批優秀的競速遊戲，後因各種原因逐一被市場淘汰。《極品飛車》系列遊戲以其頑強的生命力，發展至今。

《極品飛車》系列遊戲一直保持著寫實的遊戲畫面風格，這對電腦硬體提出了新的要求。每一次硬體的發展，遊戲關卡的畫面效果也會隨之提升。《極品飛車》系列遊戲被譽為"電腦硬體殺手"。

《極品飛車》系列遊戲的主要操作方式是：玩家透過操作模擬載具，與電腦或者其他玩家進行競速比賽，在規定的時間內完成任務到達終點，即為勝利。為了增加遊戲的吸引力，在遊戲中會有不同的故事情節、不同的賽場女郎、不同的遊戲模式和全球發售的最新款的真實跑車的模型供玩家選擇。在遊戲中玩家可以根據自己的喜好選擇不同的遊戲模式與對抗方式。該遊戲需要玩家有敏銳的判斷力和高度的手眼協調能力。

真實的遊戲畫面效果可以給玩家帶來真實的操作感和沉浸感。《極品飛車》真實的遊戲畫面感與緊張而刺激的遊戲體驗是其他競速遊戲無法比擬的。透過對《極品飛車》系列遊戲發展狀況的對比分析，可以看出硬體技術發展與社會的進步對遊戲發展的推動作用。（圖8-35、圖8-36）

從《極品飛車》第5代發展至第14代整整經歷了10年（2000年至2010年11月），其中具有代表性的幾個系列版本為："熱力追蹤"系列、"地下狂飆"系列以及"變速""保時捷之旅"幾個經典版本。下麵以《極品飛車5：保時捷之旅》和《極品飛車14：熱力追蹤3》這兩個遊戲版本為節點進行分析。（圖8-37、圖8-38）

圖 8-35

圖 8-36

圖 8-37

圖 8-38

圖 8-39 　　　　　　　　　　　　　　　　　　　　　　　　　　　圖 8-40

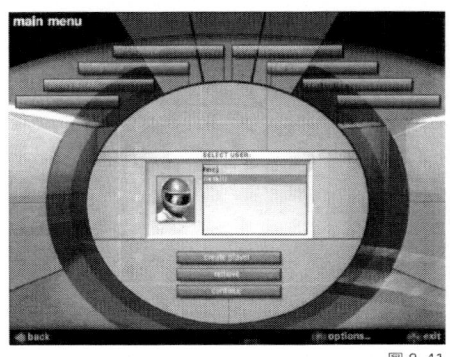

圖 8-41 　　　　　　　　　　　　　　　　　　　　　　　　　　　圖 8-42

　　《極品飛車 5：保時捷之旅》是《極品飛車》系列遊戲早期的代表作。它具有相容性強、硬體要求低、力學系統較為真實等特點。《極品飛車 5：保時捷之旅》的遊戲畫面在當時頗 為震撼，植被較以往的版本更為豐富，同時遊戲還加入了各種天氣特效、山路跑道等場景。

　　《極品飛車 5：保時捷之旅》中的車輛動作是按照真實車輛的動力學原理而設計，駕乘感受非 常特殊。但由於開發者一味地強調真實感，而忽視了對車輛的控制。個性化定制在《極品飛 車 5：保時捷之旅》中也逐漸顯現出其獨特的魅力，玩家可以選擇各種汽車配件，可以調校汽 車的性能，並且每次調校和改裝都能反映出汽車不同的狀態。在操控外設上《極品飛車 5：保 時捷之旅》相容所有形式的搖桿和方向盤，玩家還可以根據自己的習慣設置快速鍵。支持 當時顯卡支持的所有解析度，不限幀數、解析度、以及個性化改裝的方式使其受到玩家的一 致追捧，其受歡迎程度在 2000 年所有競速遊戲中位居前列。（圖 8-39、圖 8-40）

　　《極品飛車 14：熱力追蹤 3》是較為經典的版本，其遊戲畫面在最新硬體系統的支援下 變得更為精緻，視覺特效更為豐富，尤其是賽道兩側的建築物和風景，給玩家帶來炫酷、時 尚的視覺感受。《極品飛車 14：熱力追蹤 3》的操控設計在虛擬與現實中找到了最佳的平衡 點，不但具有真實汽車的駕乘感，而且加強了汽車操控的遊戲體驗。個性化定制在《極品飛 車 14：熱力追蹤 3》中已經發展得非常完善，改裝汽車的內容更加多樣，有更

8.3.1 交互性的改變

　　早期的《極品飛車 5：保時捷之旅》，在當時全球互聯網遊戲還並不普及的背景下發行，所以該版本遊戲的運行方式主要以單機和局域網連線為主。玩家的遊戲樂趣來自解鎖不同類型的車輛、解鎖新賽道、獲得隱藏的車型等。隨著互聯網技術的普及與發展以及人們生活節

奏的加快，《極品飛車》系列遊戲全球聯網性越發突出。在近期幾個遊戲版本中，聯網已成為一種成熟的遊戲方式，玩家改裝車輛、個性化定制車型等諸多資訊全球同步，給玩家帶來前所未有的遊戲體驗。

在關卡設計方面，早期的《極品飛車》系列遊戲關卡設計得較為簡單，不斷獲得新的車型與全新的路段這種單一的遊戲方式很難滿足玩家日益增長的遊戲體驗需求。從《極品飛車 7：地下狂飆》到《極品飛車 13：變速》開始了網路連線，並且還加入了較為豐富的 故事情節，遊戲節奏逐漸加快。在《極品飛車 13：變速》之後的版本中多平台的運行、互 聯網對戰排名等逐漸完善，並且遊戲性也逐年增強。

8.3.2 介面設計的改變

《極品飛車 5：保時捷之旅》的介面設計使用的是當時較為流行的立體造型方式。按鈕的立體效果較為突出，整個介面主要強調立體化按鈕給玩家帶來的視覺感受。《極品飛車 5：保時捷之旅》的介面設計，動態效果較為單一，介面轉換比較生硬，介面與介面之間的轉換時間較長。《極品飛車 14：熱力追蹤 3》介面設計採用了當時較為流行的扁平化界 面設計風格，幾乎取消了按鈕的設計，取而代之的是簡單明瞭的版式設計。背景遊戲的動 態可以完全貼合，遊戲介面之間的轉換非常流暢。（圖 8-43、圖 8-44）

8.3.3 靜止狀態下場景效果的改變

車庫是相對靜止的場景，這樣的場景可以體現更多的模型細節與精緻的紋理效果。早期的遊戲版本不能支援過多的模型面片與精細的紋理貼圖，對燈光的支持也極為單一。遊戲的模型多則有上千個、少則只有幾十個三角面。遊戲貼圖多為 256×256 圖元。由於受面 數與貼圖的制約，早期版本的《極品飛車》一個車庫內部只能放入一輛車，即使玩家擁有 多輛車也無法一起顯示，只能單車預覽。車庫設計得比較簡單，沒有真實的燈光與陰影效 果，車庫內部的貼圖也相對粗糙。在《極品飛車》近幾個遊戲版本中，遊戲引擎可以支援 上百萬甚至上億個三角面的計算，高清的紋理貼圖加上全域照明、光線追蹤陰影效果，使 得遊戲畫面效果直逼現實。車庫效果發生了翻天覆地的變化，車庫內部不但可以添加多部 車輛，車庫的地面也已經具有了真實地面的反光效果。車庫內部設計更為豐富，紋理細節 也非常精緻，如果玩家將所有特效全部打開，將很難分辨是遊戲場景還是現實照片。（圖 8-45、圖 8-46）。

圖 8-43

圖 8-44

圖 8-45　　　　　　　　　　　　　　　　　　　　　　　　　　　　圖 8-46

8.3.4　運動狀態下場景效果的改變

　　汽車在路面上行駛的動態視覺效果是對電腦硬體與運算速度最大的挑戰。對《極品飛車》類的競速遊戲，不但要求有精美的畫面，還要求有流暢的畫質。早期版本，貼圖主要是以 256×256 圖元為主，路面的中遠景紋理效果較為清晰，近景中的路面則變得極為模糊。

　　草地多為一張平面的紋理貼圖，所有的草地連成一片沒有高低起伏的細節變化。遊戲中的樹木使用的是十字貼圖方式，一棵樹木僅由四個三角面組成，樹冠與主體沒有明顯區分。由於建築物的加入會大幅度增加電腦的運行速度，早期遊戲版本多為郊區風景，建築物只是零星地穿插，並且多由簡單的面片組成，遠處的建築物一般則直接用貼圖替代。2048×2048 圖元的大型高清貼圖的引入，使畫面可以表現出更豐富的紋理效果。法線貼圖的加入使遊戲畫面更加真實。尤其在《極品飛車》近幾個遊戲版本中，遊戲場景中的草地變得更為真實，每顆小草都有獨立的模型與貼圖，樹木模型更是驚人，幾乎和真實樹木沒有差別。建築物的形式逐漸變得更為豐富具體，遊戲關卡中還加入了各種城市環境的賽道。

8.3.5　動力學的改變

　　動力學與特效可以給玩家帶來更為豐富的遊戲感受。早期的《極品飛車》幾乎沒有加入動力學系統，汽車的損毀、道具的破裂等都需要提前預設，效果單一。例如汽車撞到障礙物時，經常會從障礙物中穿過或者卡在障礙物中；經過草地路面時，草地沒有任何形式的變化。在《極品飛車 14：熱力追蹤 3》中，動力學已經得到了空前的發展，道具從不同方位撞擊會產生不同的碎裂效果，汽車損毀完全依據動力學模擬。樹木可以被撞斷，花草可以受汽車的氣流影響而左右擺動。（圖 8-47、圖 8-48）

　　遊戲關卡的設計與電腦硬體的發展是緊密相連的，在不同時代人文與技術背景下所誕生的遊戲關卡也有所不同，《極品飛車》系列遊戲的發展變化體現著一個時代的發展和進步。從《極品飛車 5：保時捷之旅》到《極品飛車 14：熱力追蹤 3》所發生的變化並非一蹴而就，其中有著千絲萬縷的聯繫，對每個版本的遊戲進行體驗與系統地梳理可以使遊戲關卡設計師獲得豐富的經驗。

圖 8-47

圖 8-48

後記

　　遊戲行業的發展日新月異，一條優秀的遊戲"生產線"是一款優秀遊戲能夠產出的硬體保障。流程化、系統化一直是西方國家產業化的思路，自引入產業化標準後，開始探索有特色產業化發展思路，遊戲美術行業也是如此。"摸著石頭過河"是每個實踐者必須經歷的過程，筆者本著向西方遊戲產業學習的態度，對西方遊戲的製作流程認真地翻閱與篩選，最終形成本書。

　　任何一個時代，遊戲美術都會隨著製作的要求不斷地變化，最基礎、最永恆的仍然是人的審美情趣。本書作為遊戲關卡設計的指導性圖書，未能從純藝術的角度更多地探討遊戲美術的發展脈絡也有少許遺憾。

　　本書選入的附圖取自不同的管道，在書中難以一一具體標註，在此一併表示歉意。在這裡我也要向創作這些優秀作品的藝術家們表達深深的謝意，是你們用超凡的智慧創造了極具美術價值的作品，使我們的時代變得豐富多彩。

　　在這裡特別感謝先知夢靈、陶秀瑾、楊月梅三位同學為本書所做的文字校對、資料整理和圖片優化等工作。

國家圖書館出版品預行編目（CIP）資料

遊戲關卡設計 / 師濤 編著. -- 第一版.
-- 臺北市：崧博出版：崧燁文化發行, 2019.04
　　面；　公分
POD版

ISBN 978-957-735-766-3(平裝)

1.電腦遊戲 2.電腦程式設計

312.8　　　　　　　　　　　　　　108005176

書　　名：遊戲關卡設計
作　　者：師濤 編著
發 行 人：黃振庭
出 版 者：崧博出版事業有限公司
發 行 者：崧燁文化事業有限公司
E - m a i l：sonbookservice@gmail.com
粉 絲 頁：　　　　網　址：
地　　址：台北市中正區重慶南路一段六十一號八樓 815 室
8F.-815, No.61, Sec. 1, Chongqing S. Rd., Zhongzheng Dist., Taipei City 100, Taiwan (R.O.C.)
電　　話：(02)2370-3310 傳　真：(02) 2370-3210
總 經 銷：紅螞蟻圖書有限公司
地　　址：台北市內湖區舊宗路二段 121 巷 19 號
電　　話：02-2795-3656 傳真:02-2795-4100　　網址：
印　　刷：京峯彩色印刷有限公司（京峰數位）
　　本書版權為西南師範大學出版社所有授權崧博出版事業股份有限公司獨家發行電子書及繁體書繁體字版。若有其他相關權利及授權需求請與本公司聯繫。

定　　價：250元
發行日期：2019 年 04 月第一版

◎ 本書以 POD 印製發行